情商高就是有
共情力

塑造一个不会崩塌的完美人设

田 童 ◖● 著

文汇出版社

图书在版编目 (CIP) 数据

情商高就是有共情力 / 田童著 . — 上海 : 文汇出版社 , 2020.6

ISBN 978-7-5496-3180-3

Ⅰ . ①情… Ⅱ . ①田… Ⅲ . ①情商 - 通俗读物 Ⅳ . ① B842.6-49

中国版本图书馆 CIP 数据核字 (2020) 第 063882 号

情商高就是有共情力

| 著　　者 / 田　童 |
| 责任编辑 / 戴　铮 |
| 装帧设计 / 末末美书 |

出版发行　文匯出版社

　　　　　上海市威海路 755 号

　　　　　（邮政编码：200041）

经　　销 / 全国新华书店
印　　制 / 三河市龙林印务有限公司
版　　次 / 2020 年 6 月第 1 版
印　　次 / 2020 年 6 月第 1 次印刷
开　　本 / 880×1230　1/32
字　　数 / 125 千字
印　　张 / 7.5

书　　号 / ISBN 978-7-5496-3180-3
定　　价 / 39.80 元

序　言

　　经常有人说，情商高就是会说话。但是话怎么说，不是由我们的嘴巴决定的，而是由我们的大脑和思维决定的。

　　我时常认为，情商高的人并不会时刻注意自己的措辞，反而是话到嘴边，心里这么想才会这么说。

　　看似矛盾，其实是因为，情商高就是有共情力。当你倾听他人的诉说，对他人的感受能有所触动、有所理解时，不用刻意去组织安慰他人的语言，你说出的话就能很好地安慰到他人。

　　我相信情商高的人更容易获得幸福，因为共情力能让我们摒弃自身的局限和偏执，学会站在他人的角度去看待和思考事情，会让我们以更宽容、更坦然的姿态对待自己和自己的生活。

　　共情力不仅是感受他人的感受，更是从不同的审美、不同的观念中，学会好好与自己相处。

大学毕业后的四五年里，朋友们相继恋爱、结婚、生子，也有朋友义无反顾地为自己的事业拼搏，而我却陷入了迷茫，找不到生活的方向。

我四处寻找那些境遇相同，似乎"同病相怜"的朋友们，从他们身上寻求某种共情，从而安慰自己："大家都一样！"事实上，当我以为大家都一样的时候，我正在被"抛弃"。

共情力不是倾听者的专属能力，诉说者也需要在寻求"治愈"时，与正向、积极的力量产生共鸣。高情商的人，不仅是面对他人的生活时，给予治愈、舒心的言语，更是面对自己的困顿时，能主动去与一些积极、阳光的能量产生共鸣。

我喜欢听故事，也习惯从爱听的故事中锻炼自己的共情力。因为那些但凡能让我有一丝动容、有一丝撩拨心弦、有一点儿感触的人或事，都是因为他们在与我潜意识里的某些想法产生了某种共鸣。

而这种从他人故事里得到的共情力，能让我更好地看清自己，了解他人。他们会告诉我，我想走的路是什么样子！

当我们富有同理心、共情力时，能理解他人的感受，也能包容生活中的许多"不一样"。我们面对生活和成长，才能拥有更多的勇气与幸运。

每个人的生活里，难免会遇到那些"难堪"的时光，难免会遇到各自的问题。当感受到生活的压力时，我们就好像失去了人生的方向盘，被生活拽着往前走。

在这种难熬的时刻，我们会向外寻求他人的感同身受，我们最亲密的人也会向我们寻求理解。但我们要明白，是否有足够的勇气和力量，去让自己和他人感受到一丝温暖。

高情商不是说说而已，是善良，是勇气，也是一种力量。共情力不是浮于表面的"会说话"，而是认真努力地生活，了解自己的内心，也了解他人的内心。

如果你偶尔翻到这本书，这里有我想要分享给你的故事。而这些故事里的路人甲、路人乙，都曾经让我为之动容；也希望他们的故事可以触动到你，让你感受到一丝温暖，一些治愈。

目 录

Contents

Part 3 别在该努力的时候选择安逸

Part 6 学会共情，做一个刚刚好的自己

Part 1

共情的秘密：
喜欢才是硬道理

"丑小鸭变天鹅"的故事是童话，
但凡有一丝理性，你都会知道自己不可
能变成天鹅，也当不了公主。只有承认
和接受现在的自己，你才能一步一步成
为更好的自己。

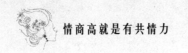

▶ 共情：人人都是故事的主角

无意间翻看朋友圈，我发现徐笛发了这样一条说说："恰好不闪亮，所以更懂得只有积蓄力量，才能散发光芒。"

认识徐笛是在读大学的时候，那时她的长相还算清爽，只是不太引人注目。她时常扎着马尾，穿着简单的 T 恤和牛仔裤。

为了报考心仪的学校，徐笛在选择专业上做了妥协，报考了新开设的对外汉语专业。大部分专业课程对英语要求颇高，可徐笛的英语水平一言难尽，所以她的大学生活过得并不轻松。

尤其大一上学期，徐笛所在的英语专业课特别多，综合英语、听力课、口语课、外教课……上课时老师采用纯英文教学，徐笛感到力不从心，一天的课上下来，她能听懂的没多少，更不用说在课堂上灵活表现了。

徐笛很羡慕班里的学霸肖芸。一次口语课，老师让同学们课下准备一段英文电影配音，并在课堂上自愿上台进行表演。肖芸的表演很精彩，语气抑扬顿挫，中间几段搞笑的场景被她用滑稽的语气表达得淋漓尽致。

老师也夸奖肖芸，说小姑娘看上去文文静静的，表演起来却很有爆发力。

平日里上课，徐笛都不敢抬头，生怕碰上老师的眼睛被点名回答问题，就常常缩着脑袋躲在教室的最后一排，毫无存在感、安安静静地上完一节又一节课。

那天，徐笛看着讲台上闪闪发光的肖芸，第一次鼓起勇气上台去试一试。但试过才知道，一切并没有那么简单——她磕磕巴巴紧张到声音颤抖地念完台词，羞愧又有些落荒而逃地回到座位上。

原来，想要在台上闪闪发光，并没有想象中的那么简单。反省平凡又懦弱的自己，徐笛认识到欲速则不达，自己没有足够的能量，又怎能在台上发光发亮呢？

于是，徐笛给自己重新安排了学习计划：6 点半起床，7 点到学校湖边背诵英文课文，7 点半回到教室背记新单词，8 点开始上课。晚上，室友们经常相约出去聚餐、看电影，徐笛一一拒绝，拿上综合英语课本一头扎进图书馆，预习课文、背记单词，尽可能地做好课前准备。

学期末的口语课考试，每名同学需要与外教老师进行一对一的口语测试，徐笛为这场考试准备了很久。

拿到成绩单时，徐笛说不出地欢喜。虽然她还不能做到像其他同学那样流畅自如地与老师进行交流，但是也能无功无过地完成考试。这对于曾经不敢开口说英语的徐笛来说，已然是莫大的进步。

徐笛一直很努力，只是向来不出众。毕业前夕，大部分同学都找好了工作，备考研究生的徐笛错过了找工作的黄金时期，又因为成绩不够优异，错过了心仪的学校和专业。

面对不如意和未知，徐笛却很乐观，她说："虽然没能一次成功，那就是因为我向来也不出众。这次没考上那就好好准备，让未来的自己更厉害！"

毕业后的一年，徐笛考上了心仪的学校。之后，武汉一所著名的中学招聘老师，她报考后，成为一名高中英语老师。再后来，徐笛翻译的作品出版，我们才知道她一直在利用闲暇时间做着自己喜欢的翻译工作。

同学聚会时，谈及近况，大家对徐笛的优秀表现感到有些意外。那时候毫不出众的徐笛，现在让人羡慕不已。

我想，大学时不闪亮的徐笛，只是更明白想要在台上散发光芒，需要更多的努力和坚持。比如，她遇到过很多困难，却在学习英语上从没放弃，一路坚持。

从角落里出发，会更明白站在舞台中央的闪亮；那一刻，恰好不闪亮，所以更懂得努力积蓄力量。

前段时间看了一部电影《闪光少女》，女主人公陈惊学了十多年的民族乐器扬琴，但是学校里西洋乐占主流，当她向学习钢琴的师哥表白时，因为学习扬琴而遭到了鄙夷。

电影打动人的地方在于，原本懒散、怯弱的陈惊，并没有因此而放弃民族乐器，而是选择相信自己、勇敢奋进，最终同小伙伴们一起大战西洋乐并获得了胜利和尊重。

结尾时，一直陪伴陈惊的男闺密"油渣"带她去看萤火虫。陈惊说，她喜欢萤火虫，因为它虽然弱小却能发光。

不要因为害怕被嘲笑、被打倒就失去闪光的机会，弱小者也有发光的权利。

只是那一刻，恰好不闪亮。所以当我们弱小的时候，不要放弃希望，相信自己同样可以强大。

生长之路，向来不易。哪怕想要散发再微弱的光芒，也要有头悬梁、锥刺股的觉悟。

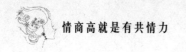

"成功的花，人们只惊慕她现时的明艳！然而当初她的芽儿，浸透了奋斗的泪泉，洒遍了牺牲的血雨。"冰心的诗，让我们更能体会到努力的可贵。

一棵不起眼的草、一朵不知名的花蕾，努力汲取阳光、养料和水分，终有一天能开出明艳的花，散发出幽香。

恰好不闪亮的你，更需要储蓄知识和力量，加上持之以恒的努力，终有一日你也能在人群里发光发亮。

也正是因为那一刻恰好不闪亮，所以更懂得想要像黑夜里的萤火虫一样散发光芒，需要更多地付出与积累。

在每一个看似平淡、寻常的日子里，我们更需要坚定信念，为做好一件事，哪怕一件小事而努力不退缩。一件一件的小事，一天一天地积累，我们终能如那盛开的花一般明艳闪亮！

▶ 自我拯救的人，值得敬畏

余晓是中医药大学的讲师，她见人爱笑，喜欢跟人打招呼。因为中医药大学在老城区，附近来来往往的居民都跟余晓熟络。

路上经常遇到的阿爹、阿婆，喜欢拉着余晓闲扯两句。余晓热心肠，时常会免费为他们诊脉、开药方。阿爹、阿婆都夸赞余晓人长得漂亮、脑子聪明，心肠还特别好。

一次偶然的机会，我和余晓也渐渐熟络起来。余晓谈起以前的一些事，让我多少有些吃惊。

大四下学期，余晓还在实习，父亲查出来患有胃癌。一家人都不敢相信这个事实，一边惶惶不安，一边四处筹钱为父亲动手术。

刚得知父亲患病的那段时间，余晓常常躲在卫生间里打开水龙头，在水流声中偷偷地哭。她不能让父亲察觉到异样，也不能引得母亲伤心，可是她自己又止不住害怕。

有些事实让人恐惧，也让人不得不面对。一下子，余晓不再是天真无邪的在校学生，而是安慰母亲、照顾父亲的坚强女儿——她需要独自打理医院里的大小事宜，得成为一个有担当、有决断的家庭主心骨。

父亲的手术还算成功，但抗癌是一个长期而又艰辛的过程。手术之后，父亲需要定期去医院进行化疗，需要长期服用抗癌药物，而对于余晓的家庭来说，这些是巨大的债务和难以预料的不安。

父亲不安的眼神、母亲未说的恐慌，余晓看在眼里，记在心里。她也很害怕，但她知道：她得坚强，哪怕是强装镇定，也要告诉父母一切都会好起来的。

很长一段时间里，余晓白天在单位上班，晚上去餐厅做兼职。早 9 点上班，晚 6 点下班后还得接着赶去餐厅，一直工作到晚上 11 点。最晚的时候，她加班到凌晨 2 点，一天工作了 17 个小时。

这样连续不断地工作，对余晓来说早已成了习惯，她从来没有休息的概念，总是刚下班便赶去另一个地方上班。平日里为了省钱，她只吃最便宜的盒饭，没有娱乐，没有聚会，连简单护理头发的时间都没有。

那段时间，余晓最大的感受是睡不够。

我问余晓是否感到过沮丧和崩溃，她说，偶尔自己会号啕大哭，但是想到一点点减少的债务、父亲逐渐好起来的身体、母亲也找到了工作，她会觉着未来充满了希望。

那时候，她最大的梦想是一家人健健康康的，父母能有普通的工作，一家三口过上平平淡淡的小日子。

像电视剧里的女主角一样，余晓拥有悲情的前半段剧情，她也想像剧情的后半段那样，渴望白马王子的出现。

可当有可能成为余晓生命里男主角的人出现时，她却说："我需要尊重、理解和爱，暂时不接受同情与怜爱。"

现实生活教会余晓，有些坎是非得自己才能跨过去的，得坚强、得努力，否则生活留给她的只能是万丈深渊。

那段时间，余晓没有时间学习，不得不暂时放弃考研计划；没有时间陪家人，一家三口被迫分隔两地；加班到深夜，时常处于崩溃的边缘，她却仍旧坚强地努力着。

现在，回想起那段经历，余晓充满了感激——翻过了难以跨越的高山，后面的坑洼便成了坦途。

父亲治病的债务慢慢还清，父亲的身体状况也稳定了下来。坚强的余晓并没有放弃与生活的搏斗，她一边工作一边学习，考取了中医药大学的硕博连读。

对余晓来说，继续深造并不是一件轻松的事，最艰难的时候，一个月里她只有 500 元的生活费，经常靠一个馒头和食堂免费的菜汤挨过一段时间。最后的结果是，余晓以优异的成绩争取到了奖学金，毕业时也顺利获得了留校名额。

坚强的人往往能看到希望。

说起往事，余晓总是感谢自己在青春时就面对了人生的苦难，让自己变得更加坚强。

还记得，高中语文课文《我与地坛》里有这样一句话："我在这个园子里坐着，园神成年累月地对我说：孩子，这不是别的，这是你的罪孽和福祉。"

那时候，青春年少的我们，或许不曾经历过挫败与困苦，也没办法理解史铁生写下这句话时经过了怎样的思想历程，但总归能从他的人生经历中体会到这是一句激励大家直面苦难、包容苦难的话。

后来，我渐渐地理解了，苦难就是苦难，痛苦就是痛苦；坚强地面对苦难，认真地思考痛苦，才能收获财富。

在某一段时间的泥泞里，即便举步维艰，也要一路向前。我们无法控制生活中会遇到怎样的人、经历怎样的事，但是坚强地直面生活中的好与坏，就会看到光与希望。

打开音乐播放器，随机播放歌曲时被一首《追梦的孩子》所打动。这首歌让我回想起，曾经因为别人说难，而放弃继续尝试某件事情的经历。

或许，我们不一定会经历怎样的苦难，只是偶尔对梦想感到无力与彷徨。

"追梦的孩子跌跌撞撞地寻找，疲惫的时候还可以对自己傻笑。"这首歌里为我们勾画了一个坚强向前、不断寻找的背影。

当我们还是一棵小苗，正值娇嫩而又弱小的时候，若是选择将根部深深地扎入土壤，努力汲取营养，那我们终能抵抗住风雨，成长起来。

我相信，歌曲里的这个孩子最终会穿过迷雾，找到自己人生的跑道，一路向前。

如果你正深陷某种泥泞，遭遇着痛苦与不安，那请坚持你的坚持，迷雾终会散去，你也终会找到自己的路。

如果因为梦想而感到彷徨不安，没有人能告诉你是否该继续，那就用坚强战胜内心的恐慌，你会发现心底的渴望。

坚强是青春的眼睛，我们终会跨过青春的迷障找寻到向前的路。

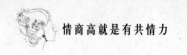

▶ 共情的秘密：喜欢才是硬道理

收到朋友杨末发来的好消息，她的一部漫画被改编成动漫，在某视频网站上首映。

我打开动漫视频，满屏的弹幕评论，有好有坏：有人说，剧情不错、人物讨喜；也有人说，编剧脑残、画风寒碜；还有人直指动漫垃圾、没法看……

我本想安慰杨末几句，可拿起手机，才想起现在的杨末已经不是当初的那个杨末了，估计她早已学会淡然地看待这些评论了。

自从杨末开始创作漫画，一路走来，没少受到质疑。杨末起初也曾有玻璃心，特别是刚开始画漫画那会儿。

杨末将自己的"呕心之作"小心翼翼地发送到漫画杂志编辑的邮箱，常常收到的是稿件不被采用的回音。甚至有一次，编辑对杨末太过拙劣的画风看不过眼，发来了一篇大几百字的修改建议。最后，还不忘好心地规劝杨末，不如趁早放弃漫画，说她在这方面没有天赋。

因为这事儿，杨末闭门思过，伤心了好几天。本以为她"闭关"出来会痛改前非，听从父母的劝告，一心一意回家经营家里的旅馆生意——在杨末的父母看来，捣鼓漫画等同于瞎折腾。

谁知，杨末认真反省过后，信誓旦旦地说："做事不能半途而废，有人质疑我的漫画，说明我的漫画还是有可取之处，起码有读者啊！"

就这样，杨末没被质疑的声音打倒，越是遭到质疑，越是努力地完善作品。后来，她将那位编辑几百字的修改意见来回琢磨了十几遍，认真对照自己的漫画反复修改。

虽然杨末的那篇"呕心之作"最终还是成了一纸废稿，但幸运的是，她的第一篇漫画发表，便是在那位编辑所负责的漫画杂志上。

有了第一次成功的经验，杨末的漫画之路开始顺了很多。慢慢地，她在漫画杂志上发表了很多作品，在漫画网站里也时常能看到她的身影。

她的作品在漫画网站的论坛里还曾引起一阵小轰动，不是因为漫画好看，而是她的漫画又一次遭到了质疑。

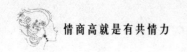

那时，杨末常在论坛里发水帖，在朋友圈里发漫画地址，宣传自己的漫画。看漫画的人开始多了，不喜欢漫画的人也开始多了。

"这么难看的漫画，有人看吗？"

"这样的画风，还能加Ｖ？"

"这是我看过最难看的漫画，没有之一。"

……

因为这些言论，杨末一度怀疑自己，她想过要不要就此放弃漫画创作。

就在杨末的漫画停更几日后，评论区里有读者留言问，下一章漫画什么时候才会更新？

因为一句话，杨末再次满血复活，她又信誓旦旦地说："做事怎么能半途而废呢？我无法得到所有人的喜欢，但是我希望喜欢我漫画的人，依旧能看到我的漫画。"

杨末再度反省自己漫画的不足，发现自己确实在画风和人物细节处理上还很欠缺。为了弥补不足，杨末从头开始，对每一个漫画人物在脸型、服饰、发型上做了更精细化的处理，在背景用色、人物色调上重新修改和完善。

那本漫画重新上架时，杨末遭到的质疑声开始变少，更多的读者在评论区里为杨末加油打气，催着杨末按时更新漫画。

现在，杨末已经拥有了自己的专业团队，漫画质量由团队里的多人把关，作品不仅在网络上发表，也做成图书发行。喜欢杨末漫画的人越来越多，杨末的漫画团队有了稳定的粉丝群体，但是那些质疑她漫画的声音从未消失。

有人喜欢杨末的漫画，她会很高兴；有人质疑杨末的漫画，她也不忽视。杨末依旧不停地探索着她的漫画之路。

在前进的道路上会听到各种质疑的声音，但是杨末说："你可以不喜欢我，但是无法否定我，因为还有更多的人期待着我和我的作品变得更好。"

美来是热播韩剧《我的 ID 是江南美人》里的女主角，从小因为样貌丑陋而受到周围人的排挤和欺负。为了能过上平凡人的生活，美来决定在上大学之前做整容手术。

整容后的美来，第一次鼓起勇气在众人面前跳舞。跳舞结束后，她给母亲打了一通电话，哭着说："大家都很喜欢我。"对于美来来说，被人喜欢是一件奢侈的事。

但很快，美来又因为整容再度成为他人的笑柄。整容改变了美来的样貌，却并没有改变她自卑的心。

"不应该整脸，而是要整掉你那太次的想法！"在某一

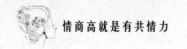

集剧情里，男主角这样指责美来。

美来最终也认识到，变美并不能改变一切，真正能让自己走出困境的方法是改变自己的心，相信自己。

不喜欢美来的人有很多，但是喜欢美来的人愿意一直支持她，相信她的善良，帮助她找到自信。

你若时常因为他人的不喜欢而觉着自己被否定、被抛弃，其实往往是因为内心里的不自信，那是你自己先否定了自己。

《甄嬛传》里有一句话是这么说的：既然无法周全所有人，就只能周全自己了。我想，这句话也可以理解成：既然无法让所有人喜欢你，那便先学会喜欢自己。

被自己喜欢和被他人喜欢，同样可贵。

太过在意他人的话语或感受，容易迷失自己。

你大胆开放、性格活泼，不喜欢你的人会嫌弃你疯癫；你性格文静、成熟稳重，讨厌你的人会说你木讷。若是一味迎合他人的喜好，性格活泼却假装矜持，不爱热闹却勉强讲笑话，这便是一种巨大的内耗，自己也难以喜欢自己。

你总是无法讨好所有人，但这从来不是阻碍你做好自己的理由。

无法改变他人的想法，那便认真做好自己，修炼自己的内心。只有足够自信，才可以淡然地去面对那些质疑你的声音，勇敢而不怯懦。

也许，你也曾质疑过被他人厌恶的自己，但是自信源于接受自己、喜欢自己，在不断的努力中，离更好的自己越来越近。

你无法成为一个人人喜欢的人，但是你可以活成自己心目中的独一无二，没有人能否定你，除了你自己。

▶ 共情是缓解压力的绝佳方式

肖彤第一次创业，虽然没有足够的经验，但她成功的信念异常坚定。肖彤的公司很小，但她觉得只要大家齐心协力、一起努力，就一定能做成大事。

肖彤作为公司的创始人之一，负责研发和市场营销。经过大半年的磨炼，产品终于要上市了。

肖彤与公关公司对接发布会的整体流程，虽然对接的事情琐碎，却至关重要。大家一直以来努力的成果，到了紧要关头，肖彤更不能掉链子，她给了自己很大的压力。

那天，进度讨论会上，肖彤又一次大发雷霆——离正式召开发布会还有不到 48 小时，之前核实过的细节又出现了这样那样的问题。

摔门而出的瞬间，肖彤感到头皮发麻、腿发软、手心全是汗，她的大脑和当时的心情一样，一团乱麻，她感到无助和不安，不知道这团乱麻该从何处解开。

刚走出办公大楼，肖彤的情绪一下子就像泄洪的水爆发出来。她站在马路边号啕大哭，顾不得旁人的眼光，也顾不得自己的形象。

那天，肖彤一把鼻涕一把泪地哭着回了家。情绪稳定下来后，她才意识到这是自己太过焦虑！她太过注意瑕疵，气恼公关公司办事不顺她的心意。此时，她沉静下来仔细想想，才发现公关公司已经很努力地为她筹办发布会了。

也多亏了这次歇斯底里的情绪发泄，肖彤才想起大学刚毕业那会儿自己也有过一段类似的经历。

大学毕业时，肖彤在一家大型的互联网公司实习。公司对员工的要求很高，她又是第一次工作，那时她给了自己很大的压力。

每天绷紧神经上班，下了班肖彤也不敢松懈。哪怕是下班后，手机但凡有响动，她心里就会一紧，生怕错过部门经理的重要指令。

为了在正常工作时间里不耽误大家的进度，不漏掉重要的待办事宜，工作日里，肖彤都会提前半小时到公司。上班前，她会提前将一天的工作事项一一罗列清楚；与同事沟通前，她也会在心里分清条理、打好腹稿，尽量节省沟通时间。

大到项目进度汇报，小到打印资料份数，肖彤不容自己出现差错。这样一天下来，她的大脑都在不停地运转。

不到半年时间，肖彤的成长得到了公司的肯定，年末时，她获得了公司的优秀新人奖。可肖彤的这段工作经历，仅仅维持了一年。

在公司里，面对高强度的工作和更高的挑战，肖彤时常感到喘不过气来。每个失眠的夜晚，她都在暗示自己压力太大，她想要逃避。

从那家公司离职后，肖彤原本打算休整一段时间，没想到这一休整就是两年。两年里，肖彤像一只泄了气的皮球，鼓不起劲来，也无法向前。

两年安逸的时光里，肖彤时常怀念那段忙碌到食不知味的日子，虽然有压力，但她每天都过得很充实。肖彤感受到，那一年里的成长经历，回忆起来比这两年要多得多。

现在，这种被压力逼到喘不过气的体验又一次发生，宣泄完情绪回到家的肖彤，不停地告诫自己：不管怎样，不能再次逃避，因为会后悔！

肖彤说，那段逃离压力的经历，让她体会到没有压力，不复美丽；压力没有错，只是自己没能正确地对待压力。距离产品发布会不到 48 小时了，她更该冷静下来，焦虑和发脾气并不能解决问题。

有时候，焦虑到失眠也解决不了的问题，冷静地拿出一张纸和一支笔，却可以很好地解决。

关于发布会的事项，肖彤将自己担心的事、未完成的事、焦虑的事，一一写在纸上。

当所有事情被罗列清楚的时候，肖彤的大脑开始逐渐清晰。重要的事和不那么重要的事一目了然，最坏的结果也可以很快预估，脑子里的一团乱麻被理清、理顺了，肖彤才长舒一口气。

接下来的两天，肖彤根据自己预估的最坏情况，提前做好了应对策略；进度讨论会上，她不再纠结于细节，发布会的一切进展顺利了很多。

产品发布会圆满举办，参会人员体验产品的反响也很不错，公司还收集到很多宝贵的意见。肖彤感叹，这大半年的努力总算有了一个阶段性的胜利，但她知道这并不是结束，而是新的开始，因为未来他们公司将会面临更多的未知、更大的挑战、更大的压力。

这以后，肖彤遇事不再害怕，她对自己说："如果在压力面前感到沮丧和不知所措，那是自己还不够强大。没有压力，不复美丽，我不会再次退缩，我会像被风雨吹打过的花草般更加坚韧！"

压力下的你会感到焦虑不安，但这种不安的体验并不一定是坏事。

这就好比，如果有一阵强劲的风在你身后逼着你向前奔跑，这种体验自然比不上在春风和煦的日子里悠闲散步来得轻松愉快。

但这种疼痛中奋发向前的美好，也是记忆里、生命中最精彩的部分。快乐有时候也源于痛苦，那段在风雨中砥砺前行的日子，那些压力最大的时刻，是痛，也是快乐。

歌德曾说："流水在碰到抵触的地方，才把它的活力解放。"

遇到阻碍、遭受压力的时候，正是你释放活力、努力成长的时刻。

压力并不是让你事事紧张、时时绷紧神经，而是要抓住给你带来压力的源头。

你因为什么而感到焦虑不安？你最害怕什么？你努力的

初心是什么？跨过这些抵触自己的地方，你将会更强大，离梦想也会更近，这时候压力便成了动力。

压力从来不是无缘由的，并不是逃避就可以解决的，你之所以感到焦虑不安，是因为有迫切想要守护的东西。那就在最艰难的时刻，全力释放你的活力，在压力下激流勇进。

邢慧娜在获得长跑金牌后，记者采访她："你是用怎样的毅力坚持跑完一万米的？"

她说："我不知道，我什么都没想，我就想着跑一步，再跑一步，然后就这样一步、一步又一步，不知不觉就跑完了。"

当眼前的目标太大、压力太重的时候，我们需要邢慧娜的这种长跑精神，冷静执着地跑完一步又一步。

事情本身并不会产生压力，我们的焦虑不安是自己给自己强加的，而缓解焦虑的办法是将精力和时间专注于事情本身。焦虑不安的时候，告诉自己不去恐慌结果，而是冷静、执着地着手眼下的事，把自己从结果中解脱出来，焦虑就会随之减轻。

长跑里，在跑完一步、一步又一步之后，一万步对你来说不再是遥不可及的数字，而是实实在在跑过的每一步。

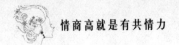

生活中，你在专注地做一件事情时，压力对你来说也将不再是无边的恐慌与焦虑，而是迫切想要实现梦想的动力与执着。

身处压力下，我们逼着自己往前走，常常会感到喘不过气来。这时候，自然会希望压力小一点儿，甚至没有压力。可是没有压力，不复美丽；没有压力，连回忆都变得苍白。

如果你内心感到焦虑不安，不要选择逃避，而是应该思考如何正确地对待它。

感到压力时，明白自己努力的初心，将时间和精力专注在遇到的困难上，冷静执着地攻克它。那么，压力在未来的回忆里将会是美好的，而此时此刻专注于努力的你，也是美好的。

▶ 玫瑰，并非生而美丽

很长一段时间里，说起宋紫阳，大家都觉着她做事那真是异想天开、不切实际。

大学毕业后工作了四年，宋紫阳跟大多数人一样，生活开始平稳顺遂，工作也暂时稳定轻松。父母催着她赶紧谈个男朋友，朋友们也会时不时地聚上一聚，她的小日子也算过得热闹。她的生活，原本该这样理所当然地继续下去。

有一次朋友聚会，喝了一点儿酒的宋紫阳在大马路上嚷嚷着要成为一名编剧。朋友们只当她是耍酒疯，嬉闹着叫她宋大编剧。

宋紫阳上大学时学的专业是经济学，毕业后考上了当地税务局的公职，编剧听上去就是风马牛不相及的事情。

可宋紫阳并不是说说而已，当时她有多认真，大概只有她自己知道。

自那以后，宋紫阳除了上班，其他时间都用来写文章——上下班的路上写，下班回家接着写，晚上失眠睡不着觉也爬起来写……

宋紫阳并没有什么文字功底，起初甚至连语句都不能一次性整流畅。朋友们劝她，生得一副相夫教子的面相，就不要琢磨这细腻活儿。

宋紫阳不服输，写不来她就去读、去思考，学习了解别人是怎么写的。

宋紫阳开始研究剧本、写剧本，写不下去的时候看书、看剧、看电影。慢慢地，她能在一些平台上接到零散的写作活儿。

这样一写就是两年，宋紫阳在写作上多多少少也有了些基础。她依旧白天上班，业余时间全用来写文字，时间不够就挤出睡觉的时间写。

有时候，宋紫阳在上下班的路上拿着手机写文稿，同事们见了调侃她，要是她写的剧本开拍了，记得给他们留几个角色。宋紫阳全然不在意，只是专注于自己正写着的文稿。

毫无征兆下，宋紫阳辞了职，也没跟父母商量，朋友还以为她又在开玩笑。原因是，一家深圳公司向她发来邀请，她要去深圳写剧本。朋友苦口婆心地劝她不要一时头脑发热，起码应该先弄清对方公司的情况。

没等朋友慢慢规劝，宋紫阳在离职后的第二天就去了深圳。

不到一个月，宋紫阳就灰溜溜地回来了，剧本没有写成，工作也辞了。周围的人又劝她，要不就此放弃。宋紫阳说，越是困难的问题，她越是要拼尽全力攻克它；越是艰难的时刻，她越应该坚持。

宋紫阳索性决定暂时不找工作，全身心地投入到写作里。

很快，又有第二家公司邀请宋紫阳去写剧本，她把自己关在酒店里沉下心来，一写就是两个月。这一次，她写的剧本得到了导演、编剧的肯定。

这一写又是两年，有人出高价邀请宋紫阳创作剧本。当时跟着总编辑学习编剧的宋紫阳断然拒绝了，因为她知道，想要创作出有质量的剧本，还需要学习更多——现在，她需要努力汲取养料和水分，而不是急着开花结果。

这两年里，与宋紫阳合作过的导演、编剧都很赏识她，

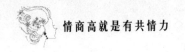
他们教会了宋紫阳很多东西。宋紫阳参与编写的剧本，陆续开机然后在各大卫视上映。

后来，宋紫阳独立创作的剧本获得了某创作大赛的第一名，她不仅拿到了一笔丰厚的奖金，作品也将在不久后开机。

回首这几年，宋紫阳体会到：想要在追求梦想的道路上走得更远，除了想象梦想达到的美好，更需要忍耐一路的艰辛。实现梦想的路途中，遇到阻碍时不能退缩，得学会在困难里迅速成长。

正如那句谚语所说：为了玫瑰，给刺浇水。

当你实现目标散发光辉的那一刻，也许有很多人为你鼓掌、为你喝彩，可是这一路走来的艰辛，大概只有你自己知道。为了实现梦想，为了收获漂亮的玫瑰，你一个人踽踽前行时，需要学会忍耐、学会坚持、学会为一件事付出坚韧的努力。

有一句打动人心的广告语："所谓的光辉岁月，并不是以后闪耀的日子，而是无人问津时你对梦想的偏执。"

我喜欢这句话里那份对于梦想的偏执与坚持。

即便渺小时不曾被认可，即便你全力以赴地去做一件事时却遭到了嘲讽，即便快要用完全部的力气仍旧看不到希望时，可你依旧带着那份偏执坚持着。哪怕失败了，又有什么关系呢？这已经是你的光辉岁月！

然后，你用心浇灌的芒刺，往往会开出耀眼的玫瑰。

正如你时常立下各样的目标，小到早起、运动、减肥、不打游戏；大到学习考试、升职加薪、生活质量提升……能有所获益、有所成就的，恰恰是你付出最多精力、坚持最久的那一两件事。

电影《摔跤吧！爸爸》里，爸爸在为女儿筹备一张摔跤垫时遇到了阻碍，他有些气恼地说："奖牌又不会从地里长出来，你得去悉心培育它，用你的爱心、你的努力、你的热情。"

电影中，爸爸为了将女儿培养成世界冠军，所遇到的阻碍、克服的困难、付出的努力远远不是一两句话能总结的。从始至终，他一直坚信并一直这样坚持着，用爱心、努力和热情培育它。

吉塔在世界比赛中获得了冠军，全场为她欢呼。爸爸对她说："我为你骄傲！"而在此之前，他们走过的每一步都不轻松，有失败的时候，有迷失的时候，有遭到质疑的时候。

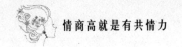

因为饱含了当初浇灌时的艰辛，开出的玫瑰便更加可贵。他们不会忘记是怎样一步一步走向成功的，所有的艰辛与努力是为了更大的舞台和更多的可能。

如果你只看到眼前的困难和现下的无能为力，而不敢去尝试，不敢去追求梦想，更不敢为梦想而拼尽全力。因为梦想还不曾开始，你便在计较得失。

何不放下这些顾虑，告诉自己只管耕耘、只管浇灌。你会发现在这埋头浇灌的过程中，你会慢慢变得强大。

现下的弱小会将问题和困难无限放大，当我们慢慢变得强大的时候，曾经遇到的芒刺便不再可怕，剩下的只是等待玫瑰灿烂绽放。

➤ 以坚持的理由，拼搏到无能为力

师姐 A 君比我早两年毕业，我跟她聊起了最近的烦闷，说："最近我开始写稿子，但是结果不如人意，不知道自己的努力是否有意义。"

A 君说，她比谁都相信努力奋斗的意义，然后说起了她自己的一段经历。

A 君初到单位时，被分到业务部做技术支持。那时候她心气儿高，一心想要参与项目研发，打心底里认为技术支持是边缘工作。

A 君不认同自己的工作，在工作中也就逐渐懈怠起来。

若是同事或者顾客寻求技术支持，通常一天便能解决的问题，A 君拖拖拉拉，得花上两天才给予回复。若有顾客咨询产品业务问题，她不问缘由，便以不是自己的分内事为由推托出去。

这种拖延、懒散的状态，渐渐蔓延到工作之外。

A君这样描述那段时间的自己：没有目标，极度颓丧，有时间便沉迷于游戏；家里乱糟糟的，堆满了换下来的脏衣服；时常摊在沙发里追剧，忘记时间、忘记周遭；生活没有节制，放任自己熬夜，吃饭不规律。

在这颓丧的生活状态下，A君的体重也急速攀升。这种状态一直持续了好几个月，直到她回了趟父母家。

A君的父亲爱好摄影，那会儿正研究 Photoshop，正好她回家，父亲将平日里遇到的问题一一拿出来问个清楚。说着说着，A君有些烦躁，态度开始恶劣，甚至无缘由地发了一顿脾气。

发完脾气的 A君，看着镜子里的自己：以前合身的衣服，不知道什么时候已经绷住了肚子；头发也有些油腻，有好几天没有打理了；前一天熬夜追韩剧，此刻她眼神涣散无光。她心想，什么时候自己变成了这样一副颓丧的样子？

愧疚和不安，猛然向 A君袭来。她懊悔地想到，父亲50多岁的人，还在学习 Photoshop；7个月大的小侄女学爬行，一边因为爬不动大哭大叫，一边努力往前蹬腿，但不到一天便学会了。

A君想到自己正是奋斗的年纪，又有什么理由不努力呢？A君决定改变生活状态，给自己定下了两条原则：一是，凡事不拖沓，立马行动；二是，认真做好能做的事情，努力不懈怠。

A君为自己制订了详细的运动减肥计划，为了保证自己严格执行计划，她自制了打卡表，设置了运动闹钟，强制自己每天坚持运动一小时。为了营造运动氛围，她还在墙壁上、冰箱上、门窗上粘贴了自己大肚腩的照片和各种各样的运动标语、图片。

体会到从勤奋到懒散只需要一天的时间，从懒散到奋进却需要每天坚持，A君感叹，好习惯的养成实属不易，她也因此懂得了努力的可贵。

工作中，A君的态度开始积极起来，一改原先敷衍了事的作风，遇事她便提醒自己马上行动。

一次，有顾客反映产品质量不稳定，时常出现短暂停顿的情况。A君根据反映的问题进行检测，本想着有了检测结果再向研发部上报。可转头她又想到自己定下的原则，提醒自己不能拖沓，马上将问题反馈至研发部。

随后不久，又有更多的顾客反映同样的问题，A君才意识到这是一次事故，好在她及时将第一起事件反馈至了研发

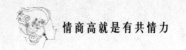

部。研发部分析出缘由后，及时采取了补救措施，避免了事故的扩大。

工作态度变得积极、强迫自己高效执行之后，A君在与顾客打交道中，总能敏锐地发现产品的痛点。她提出来的产品改进意见和研发方向，也能让经理眼前一亮。

不到一年，A君被调到产品中心参与研发。现在，她已经开始带团队成了项目负责人，全权负责各种新产品的研发项目。

A君说，努力奋斗的意义或许并不在于取得怎样的成就、获得怎样的成功，而在于努力上进的心态和良好的习惯，会让我们挖掘自身的可能，成为更好的自己。

鲁迅曾写下这样的一段话："愿中国青年都摆脱冷气，只是向上走，不必听自暴自弃的话，能做事的做事，能发声的发声。有一分热，发一分光。就像萤火一般，也可以在黑暗里发光，不必等候火炬。"我想，不管身处怎样的时代，不管我们如何渺小，努力散发自己的光芒，努力去做能做的事，便是很有意义的。

努力奋斗的意义，或许从来都不在于取得怎样的成绩，而在于努力了，我们会看到更多的可能，会拥有更多的选择。

现在，我询问过 A 君的烦闷，思考后也就找到了答案，不能因为努力没能取得成绩，就放任自己。想要获得成就感和尊严，想要变得更加快乐，我们需要拥有更多选择的能力，而这种能力必须是努力换来的。

放弃努力，便放弃了选择的机会，也放弃了未来更多的可能。

"就在那一刻，我明白了，我得做出选择。我可以为自己寻找各种借口对生活低头，也可以迫使自己创造更好的生活！"从小逃学的丽丝，坐在候车的长椅上，第一次想要抓住难得的入学机会。

越是困顿的时候，越需要努力奋进。

电影《风雨哈佛路》的女主角丽丝，她从小就面对原生家庭的千疮百孔：母亲酗酒吸毒，并且患有严重的精神分裂症，父亲吸毒被送进了收容所。在丽丝 16 岁时，母亲因为艾滋病去世，她开始正视自己的生活。

丽丝可以从以往的生命中寻找各种理由对生活妥协，但她没有。想要改变，向来比维持现状需要付出更多的努力——丽丝想要跟以往的生活抗争，那她就需要付出比常人多得多的努力。

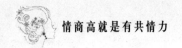

丽丝利用坐公交车、打工等一切可以利用的时间来学习，两年完成了四年的高中课程，同时她也拿到了难得的奖学金。

努力得到了回报，故事的结尾，丽丝顺利考上哈佛大学，开始了崭新而美好的生活。

努力奋斗是有意义的，如同在寒冷的黑夜里保持前行，走起来不一定能抵达光明，却可以温暖自身。

努力奋斗并不需要宏伟的口号，甚至虚大的野心，只是把它当成一种信念，在遇到阻碍、困难时，坚信努力便会有希望，执着便能遇见机遇。

▶ 不够好，才求更好

朋友聚会，闲聊时说起曾经最难熬的一段时光，薛晓葵云淡风轻地讲了她从失恋里走出来的那几个月。

前几天，薛晓葵整理旧电脑里的资料，翻出了几张前男友的照片。一晃，他们已经分手一年半了，曾经熟悉的面孔，如今多少有些陌生。薛晓葵没想要删掉那些照片，毕竟是人生中出现过的人，何必刻意抹去他存在过的痕迹。

只是时光荏苒，薛晓葵有些感慨，那时候的她以为他是自己的全世界，没了他，她害怕自己一天也过不下去。可如今，自己过得好好的，阳光、自信、洒脱，她活成了自己的太阳！

刚失恋那会儿，薛晓葵整夜地睡不着觉，分手前他数落她的那些话一直在脑子里不断盘旋。愤恨他的时候，薛晓葵只能恶狠狠地删除他的微信和 QQ。可又有什么用，她依旧会疯狂地翻看他的微博，她不得不时时克制自己想要加回他的联系方式的冲动。

因为失恋，薛晓葵不管在工作中还是在生活中，都提不起劲儿来。她一面放纵自己拖延、颓丧，陷入自暴自弃的状态；一面又在自责与反省里来回煎熬。

某天醒来，薛晓葵发现自己的头发长长了一截，发梢枯黄、分叉，头发乱糟糟的很久没打理了。她才想起自己大概有好几天没出门了，然后她的心被猛然一击：他丢了她，她又怎么能丢了自己呢？

那天，猛然醒过来的薛晓葵把房间整理得井井有条，为自己做了一顿丰盛的晚餐。劳累了一天，那晚她睡得很好。

自那以后，薛晓葵开始把时间都利用起来，读书、健身、跟很久没联系的朋友一一建立联系。哪怕是疯狂地买和疯狂地吃，甚至疯狂地搞卫生，薛晓葵用一些七七八八的事情将自己的时间塞得满满当当。

薛晓葵虽然学会了包容自己的不好与颓废，却仍旧会时常想起他。她又学着给予自己更多的宽容，将注意力转移到更多的事情上去。

一个人吃双人套餐，却没有长胖，薛晓葵得意又欣喜；参与朋友的聚会，大家融入得很好，薛晓葵感到满心欢喜；强迫自己高效率地完成工作，经理夸她执行力不错，薛晓葵心想还要更努力。

渐渐地，薛晓葵从失恋里走了出来，身边的人开始夸赞她气质好、阳光开朗，她表面故作淡定，内心早就乐开了花。她意识到，原来自己并没有他说的那么不堪，只要愿意尝试、愿意付出，她也可以慢慢变好。

一次，她的策划方案被经理否决了，她一边熬夜加着班，一边急到哭鼻子。不争气的电脑又在这时候出了问题，薛晓葵当时想，要不算了吧，大不了第二天跟经理说自己写不出来，让他另作安排。

可怎么能这样轻易放弃呢？薛晓葵不愿再次丢掉自己，做不好那就努力做到更好。

第二天，她顶着黑眼圈去交策划方案。经理虽然没有批评也没有夸赞她，却一本正经地将公司最近的重点项目全交给了她负责。

薛晓葵体会到，哪怕只剩下自己一个人，仍旧相信自己可以做成一件事，并为之付出不懈的努力，原来是一件这样美好的事。

回想那段失恋的时光，薛晓葵说："当时我沉浸在自我沉沦的状态中，谁也拉不出来。我否认自己，不相信自己，任由自己自暴自弃的那几个月，是最艰难的。"

一个人永远不能丢掉自己，因为还有很多美好的事情等着去做。薛晓葵庆幸自己最后能明白，正因为不够好，才要变更好，也才会变更好！

现在的薛晓葵找回了自信，浑身都散发着光芒，每天的生活、工作被她安排得满满当当。因为相信美好与希望，她眼里的世界也变得格外明亮，看人、看自己都无限美好。

《解忧杂货铺》里，浪矢爷爷把每一封咨询信件比喻成咨询人手里的地图，然后帮助他们在自己的地图里找到答案。当他收到一张白纸时，他给予了这样的回答："你很自由，充满了无限可能，这是很棒的事。我衷心祈祷你可以相信自己，无悔地燃烧自己的人生。"

如果你深陷某种困境、某段艰难的时光，因为不够美好的自己而沮丧难过，没有关系。哪怕你暂时迷茫得如同一张白纸，只要满怀信心，充满希望地去寻找，一切都会充满无限可能。

最艰难的时光，往往是任由自己自暴自弃、不愿努力的时光。因为一不小心踩进水沟，你便将水沟想象成汪洋大海般的困境，不愿尝试着用力挪动脚步，任由自己深陷泥泞。这样下去，再小的水沟你也走不出来。

一时的颓丧，或许并不是因为你不好，而是你未曾相信自己可以更好，可以走得更远，不相信你可以自信大胆地迎接未来的美好。

"人生的旅途，前途很远，也很暗。然而不要怕，不怕的人的面前才有路。"鲁迅曾这样说。

不要害怕前方没有路，不要害怕自己无法成长，不要害怕努力了依旧不能变得更好，因为不怕的人面前才有路！

如果有想要尝试的事，有一直埋藏在心底的某个念想，不要寻找各种理由去压抑这些大胆的微光。

你体重180斤，梦想着能参加一次马拉松。但因为身体肥胖，你不能像其他人那样跑得持久，可那是你的心中所想，只能自己一步步去实现。正因为知道眼下的困境与实现梦想的距离，所以你才需要更大的勇气与更多的努力。

不够好，才求更好。愿你心中所想、所愿、所有美好的希冀，不因眼前的困境与迷茫而被掩埋、被遗忘。

终此一生，我们或许不会经历太大的磨难与坎坷。但是，从巨大困境里走出来的人，往往是在小灾小难面前充满希望、勇敢克服困境的人。如果急于拿眼前的弱小当借口，拒绝成长，拒绝变得更好，那么再小的问题都可以成为阻碍你人生的巨石。

变好或许很简单，只要从心底里散发出自信——不够好，求更好，一切便会更好！

Part 2

与梦想共情，
不是假装努力就可以

梦想不是一日看尽长安花，除了努力和继续努力，你还有什么更好的法子吗？我想，答案是没有！

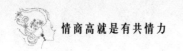

▶ 梦想也需要共情力

刚毕业那会儿，小薰便嚷嚷着要成为一名产品经理，将来设计出像微信那样受欢迎的应用产品。

但是毕业找工作并没有想象的那么轻松，投递了几份相关简历之后，小薰就有些气馁了。她苦笑着说："石沉大海总归能泛起几丝涟漪，但简历投出去，却像是往空气中哈了一口气，没有任何痕迹。"

几番尝试寻找与产品经理相关的工作失败之后，小薰思前想后，最终还是放弃了这一想法。她决定回归本职，应聘了一家不错的事业单位。

单位离家近，工作也算轻松稳定，除了她自己偶然会感到怅然，亲戚朋友都觉着这是一份不错的工作。

工作后的日子平稳也顺心，不知不觉中时间渐渐过去。小薰也习惯了这样的工作和生活，只是偶尔会感到内心有一丝莫名的骚动。

无意间，小薰翻到了大学时的笔记本，其中有一本是关于互联网产品的相关笔记，里面写满了与产品设计相关的知识点，有曾经分析产品优缺点的简易报告，有怎样画原型图的教程笔记……

这本笔记本，一下子将小薰的思绪拉回到大四那会儿。

室友们在一起讨论理想的职业，大家都希望能找到与专业相关的工作。小薰却兴奋地说，她想做的是跟专业八竿子打不着的互联网产品工作。

旁听计算机专业课，拿着厚厚的笔记本随时做笔记，在电脑里安装绘图软件……为了实现梦想，小薰也做过很多尝试。

可回到眼前，梦想似乎越来越远。熟悉而又陌生的笔记本，勾起了小薰对职业梦想的怀念与渴望，她平淡的生活开始起了波澜。

有时候，做出重大的决定或改变，只是因为某个很小的契机。小薰便是这样，她决定继续自己的职业梦想——成为有能力的产品经理。

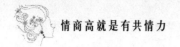

放弃了别人羡慕不来的好工作，亲戚朋友都替小薰感到惋惜。

父母担心小薰从头开始进入一个新行业，必然要吃些苦头。同事也劝小薰，重新换行大都艰辛，不管是考虑以后的职业生涯，还是眼前的就业环境，辞掉好好的工作是不明智的决定。

小薰沉浸在自己实现梦想的计划里，乐此不疲，全然不在意这些。她坚定地想，既然决定了想做的事，那便不能继续蹉跎。

不知道从何处着手，小薰首先想到的是寻求外部资源，她报名参加了产品经理的培训课程。她一边跟课学习，一边自己研究绘图软件，请教有经验的老前辈。

为了提升自己的产品素养和互联网思维，小薰经常熬夜研究和分析一些出色的产品。她的手机里更是下载了各行各业的软件产品，闲下来便研究这些产品的功能亮点。

渐渐地，小薰习惯性地把精力投入到提升自己的产品素养上。有时候，她会因为脑子里想着一个新的产品功能，出门穿错了袜子也不自知。

这之后没多久，小薰便找到了一份与互联网产品相关的工作。工作需要经常加班，她时常因为工作压力大而焦虑，但是她说："每天晚上回到家，回想自己一天的收获和成长，很满足！每一天的坚持，都是走近梦想的又一步。"

现在，小薰和同事自主设计开发了一款读书软件。与其说是工作，小薰觉着那更是梦想。

同事之间，因为某个功能的用户体验问题，大家常常会讨论得面红耳赤。但工作起来，没有时间概念，没有岗位概念，为做好一件事情，大家都会拼尽全力。在这里，做成一件事就像是吃饭、睡觉一样再日常不过了。

也许这就是梦想的魔力，当你全心全意地投入某件事情的时候，便会忘记其他。

小薰回想这一年的经历，有过放弃，也有过坚持。她说："梦想像那蝴蝶的翅膀，想要飞便需要不断地扇动，直到努力扇动翅膀成为一种习以为常，成为一种坚持。"

"梦想无论怎样模糊，总潜伏在咱们心底，使咱们的心境永远得不到宁静，直到这些梦想成为事实才止。"我喜欢林语堂的这句话，梦想就是这样，吸引着我们一路向前。

这种内心的不宁静，会使我们像地底下的种子一样，身体和心灵，每时每刻都需要努力生长。

有梦想，我们才会为一时的松懈和放纵感到不安与愧

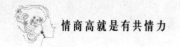

疲，才会更加懂得努力的意义。

努力学习，努力使自己变得更好，那么，努力便会成为一种坚持，持之以恒的坚持，在不断变好的过程中，梦想也会越来越近。

少年圣地亚哥，因为两次梦见金字塔附近的宝藏，决定放弃牧羊，努力追寻自己的梦想。寻梦之旅中有困难、有困惑也有奇遇，但是圣地亚哥带着信念，昼夜前行，终于找到了宝藏。

"当你全心全意梦想着什么的时候，整个宇宙都会协同起来，助你实现自己的心愿。"

《牧羊少年奇幻之旅》是圣地亚哥的故事，也是一个关于梦想的故事。

以梦想为引，不知疲惫，昼夜前行。尽管一路上圣地亚哥有过不少艰辛，遭受了各种质疑，可他依旧带着对于梦想的渴望，一路前行。

或许并不是宇宙协同起来助他实现心愿，而是努力过后更坚强的他，让巨浪变成了水珠，让困难轻如砂粒。

圣地亚哥，可以是每一个在寻梦之旅中越挫越勇的你或我。

梦想是蝴蝶的翅膀，需要我们持之以恒地扇动它，这样，我们的翅膀才会变得更加结实。强有力的翅膀便会带我们飞过河流，飞过山丘，飞向梦想的地方。

二十几岁的年纪里，我们偶尔会短暂停歇，偶尔会陷入迷茫，但我们需要相信，梦是蝴蝶的翅膀，有梦才向往飞翔，想要飞翔便需要不停扇动翅膀！

我们终会明白，梦想不是清早起来大声喊出的几句口号，不是一时兴起下定的某个决心，而是如同呼吸一样，深入生活的每一份努力。

▶ 不要让"宅急送"害了你

备战高考那年，周末我时常在市图书馆没日没夜地学习，然后就认识了 27 岁的大龄考研党苏恒燕，后来我一直叫她"苏老师"。

那会儿，我时常踩着图书馆开门的点儿，早早地在自习室找好位置。苏老师总比我早，出于对她的好奇，我喜欢挑她对面的位置坐。

时间久了，我常找苏老师借文具、借词典，有不懂的题也会请教她。她讲解起题目来有条理、不厌其烦，一副老师做派。

渐渐熟络了，我对苏老师的事也就了解了个大概。原来，她是市一中的高中语文老师，正带着高三的学生，学生们起早贪黑地备战高考，她也披星戴月地准备考研。

早自习时，学生们书声琅琅地背诵课文，她陪学生自习的空当，将英文书裹了书皮，争分夺秒地背单词。

工作四年，苏老师的校友中有的忙着创业开公司，有的忙着买房搞投资，有的肆意人生也忙着享受生活。她却每天三点一线，勤勤恳恳地背单词、刷政史题，清苦得如同她的高三学生。

我问苏老师，等她研究生毕业了，还回来教高三吗？她说，她喜欢汉语言文学，特别是中国现代文学，她想去离文学更近的地方了解国内的前沿学术。

就这样，一年很快过去了，苏老师如愿考进了武大文学院。在系里，她年纪最大，也最刻苦。

导师时常会带着学生做研究项目，项目耗费精力、占用时间长，同学们时常抱怨，苏老师却很喜欢。

研究课题参考的书目捆成两摞，提都提不动，苏老师却捧起那些书一字一字地研读，还详细地做笔记。

硕博 5 年，苏老师依旧坚持过着勤奋的生活。暑假里，时常能在图书馆遇见苏老师，她不再拿着厚厚的考试习题埋头苦练，而是捧着各种名著爱不释手。

几年下来，苏老师的同学大多小有成就，创业同学的公司开始走向了正轨，搞投资的同学也挣到了好几桶金。她却钻在学术里，依旧清苦。

毕业时，苏老师的论文得到了教授的夸赞，得分也是学院最高的。就这样，她凭着平日里的学术积累和发表的大小论文，毕业后进入了一所高校教授她喜欢的中国文学史。

苏老师在学校很受欢迎，她能清楚地记住每一个学生的名字，路上、图书馆、食堂，她碰到学生都会友好地主动打招呼。有爱好阅读和写作的学生，她也乐意给予指导或推荐书目，甚至细致地帮他们修改作品。

苏老师一边热衷于教好她的学生，一边在学术上也继续勤耕苦做。她的多篇论文在学术杂志上发表，研究理论还获得了领域内前沿专家的好评，没几年她便评上了副教授。

学院里评选教研负责人，院长极力推荐苏老师。有质疑的声音说，苏老师年纪轻轻就能获得院长的青睐，简直是走了天大的好运。

有同事为她抱不平："运气往往都是落在努力的人头上。"她的学生也戏称她为"才华与颜值兼具的文院一姐"。

如今，苏老师在学术领域已小有建树，接触到的资源与信息都是学术行业内的领先水平，她也乐于将自己所接触到的知识与学问分享给学生。

这些年，苏老师一直埋头苦研，一路默默地坚持。当她抬头的时候，已然离梦想越来越近，眼前一片璀璨。

　　美好与璀璨是那样遥远，又是那样指日可待。你是一颗种子，便会有开花结果的那天。但为了迎接那一天的到来，你需要经历每一次的生长、突破、坚守。诗人也曾将此描绘得很美："春天的花朵，是天使们在早餐桌上所谈论的冬天的梦想。"

　　梦想的璀璨在春天还没来临时，便早早地扎根在你心里。因为梦想的存在，路途遥远却终会到达。

　　你宁可多睡半小时，不愿早起五分钟；你告诉自己没事多读书，却为坚持需要找尽理由；你发誓一定要有所改变，却又暗示自己现在没什么不好的……

　　你只是还未将梦想的种子种下，还未曾想象它开花时的美景。哪怕是一道模糊的光影，你知道那便是你想要的璀璨，一定要为此拼尽全力。

　　坚持你的坚持，愿你的心中所想永远不会沦为那句俗言："我只是没时间，不然……"

　　成冬青在十几年前一定不曾想，有一天他会站在几千人面前演讲。聊起梦想，他说："梦想是什么？梦想就是一种

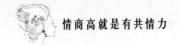

让你感到坚持就是幸福的东西。"

成冬青是电影《中国合伙人》里的主角，十几年前他高考两次失败，哪怕借钱也要再次复读，最后他考上了燕京大学。大学毕业后，他被美国拒签了三次，又被学校辞退了。为了留在北京，他办起了培训班，从此一发不可收拾，帮助千万人实现了美国梦，也成就了他的新梦想事业。

在此之前，成冬青一直承认自己是个"土鳖"，英语发音像日语，他便立志在大学里读完 800 本英文书。

开出明艳、璀璨的花儿之前，我们都曾是一颗黝黑的种子。想象开花时的美景，扎根深土，努力生长，不知不觉中花儿开了，眼前一片璀璨。

梦想需要坚持，抬头的璀璨需要埋头耕耘。一切让人欣羡的成功与好运都不只是表面的光鲜，更多的是背后的汗水与努力。

不管你心中的愿景是渺小简单还是高远宏大，若只是当作口号放在嘴边而不去埋头耕耘，那再美好也不过是虚无的幻影。

为了在某一刻抬头，能发现心中美好的愿景已然出现在眼前，就需要早些将这颗种子埋在心底，时常浇水，给予养料，用心呵护，终有一天它会生长起来，结实又牢固。

▶ 愿你有一颗"共情"的心

蓝蕊画的画明朗、生动，柔和的景物下蕴藏着一种大自然润物无声、野蛮生长的力量。有一次，蓝蕊画的插画在比赛中获得了一等奖，她不以为意，只说对这次比赛的主题很感兴趣，主题理解透彻了，画中自然言之有物。

只是，蓝蕊为了深切地理解"万物生长"的主题，走访了多个农产品、水果生产基地。她向果农们请教果树从小苗长成大树，再到开花结果的形貌。

蓝蕊细心地将果农口述的种植水果的气候、步骤、技巧这些细节用纸笔记录下来，她甚至跟着果农一起到种植园辨识不同品种的橙子，在果园里学习、采风。

不知情的果农，还以为蓝蕊是来学习种植的。

蓝蕊并非科班出身，能在绘画上有所精进，靠的正是这

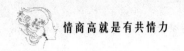

份执着与热情。蓝蕊笑说："我那时凭着一腔热血在野蛮生长。"

只有小时候学习素描的薄弱基础，蓝蕊拿起画笔，意味着一切从零开始。起初，她跟着网上的教程临摹一些照片和图片。这样坚持了大半年，进展却很小，蓝蕊不能很好地掌握技巧，画出来的画也不是她想要的效果。

半年的练习成果，让蓝蕊感到很沮丧，她几近放弃了画画。一天，蓝蕊无意间翻到了一本插画集，她很喜欢这本插画的风格，又开始研究起了这位画家。那段时间，蓝蕊扎在图书馆里翻阅了所有她可以接触到的关于插画的书。

看得多了，了解得多了，蓝蕊才意识到，之前自己一味地临摹图片而忽略了思考和研究。于是，她琢磨着自己想要画什么样的风格、想要用怎样的方式去表达。

她用自己的眼睛去多看、多积累，遇到喜欢的画家就细细地琢磨。时间长了，她对绘画技巧的好坏有了一定的辨识能力，在审美上也有了自己的见解。

想要学好画画，需要投入大量的时间和精力，蓝蕊知道画画不是一朝一夕的事情。她羡慕那些有大量时间和精力去系统学习画画的学生和专职画家，虽然她只能利用零碎的时间来做这件事，但她想自己一样可以坚持绘画，画自己喜欢的画，画自己想画的画。

后来，她在论坛上认识了一群志同道合的朋友，带着同样的目的，他们时常在大街小巷、咖啡馆、菜市场，拿着画本随时画画。

但凡有时间，蓝蕊都会加入他们的行列，他们一起讨论绘画技巧、一起互评大家的画。她喜欢这样的绘画方式，既可以不断练习提高绘画技巧，又可以用自己的方式留下每一段出游的记忆。

随着时间、精力、费用的投入，原本只是业余爱好的绘画，偶尔也会让蓝蕊感到疲累。时间久了，她也会质疑自己，也有陷入迷茫的时候：自己为什么要画画？自己画画的意义又是什么？

蓝蕊没有想过要成为大画家，也不曾想过留下足以流传后世的大作，她只想着绘画成为自己生活的一部分，就像日常要吃饭、喝水一样。她喜欢画画的过程，也喜欢绘画时的心境，哪怕绘画的素描纸累积到半人高依旧没有成就，她也不会放弃，就这样没有目标地野蛮生长，只要生长就好。

最近，蓝蕊又满腔热忱地筹划自己的插画集，没有出版预约，更没有专业指导，但她依旧乐在其中。

"做不到，何必浪费时间！""学了也没什么用！""成本太高，不如不学！"……越长大，我们做出某种改变的考量似乎也越来越多。或许并不是做这件事的成本增加了，只是我们不再像年少时那样，对喜欢的事可以满腔热忱。

青春年少时，想独自一人去看一场演唱会，我们不会因为天气或者距离而改变主意，只会悄悄地攒好钱、买好票，兴高采烈地就去了；想去陌生的城市看看，我们可能随着性子就去了，不会顾及太多，背起包说走就走；年轻的我们想黏着喜欢的人不撒手，或许不会考虑自尊、不会计较结果，只会想尽办法跟 TA 待在一块儿。

我们拿不再年少当作借口，拒绝率性而为，却忘了青春的野蛮生长不只是人生的某个阶段，更是一种心态。正如塞缪尔·厄尔曼在散文《青春》里说："岁月悠悠，衰微只及肌肤；热忱抛却，颓废必至灵魂。"

并不是岁月悠悠，你不再少年，而是你已心态沧桑，拒绝付出与改变。喜欢的东西，若是怀着热情去付出、去努力，哪怕不能获得成功，你也能享受到青春野蛮生长的美好。

如果你真心喜欢某样东西，就会有源源不断的动力，想去学、去做。做事应当如林语堂先生所说的那样："人生必有痴，而后有成。"

总会有那么一两件事，是你心心念念想要做成、做好的。如果心有所想，请不要用懒散麻痹自己，更不要找借口去拖延，而是在令你痴迷的事情上懂得专注与执着，懂得坚持与努力，进而才能有所成就。

大胆地去尝试自己感兴趣的事，你可能会觉得自己学得杂，你也有可能会走不少弯路，但没关系，内心深处的痴迷会指引你走向正确的方向。不要害怕开始时的杂草丛生，最终你将会在这种痴迷、执着的力量中有所收获。

年少时，我们好奇周遭的有与无，凭着一腔热血在青春的画纸上涂抹色彩。我们常常将青春误解成某一段的年华，却忘记了青春也是自己养在心底一抹不灭的热忱。

或许越长大越明白，想要做成某件事，如果没有天赋，那便只能坚持努力。如果只是一味地用力坚持，那是机械运作，终有老化、停滞的一天。而最能驱动你不断前进的动力是热情，别让时间凉了热血，你需要一次野蛮生长。

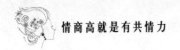

▶ 与梦想共情，与自己赛跑

有一段时间，我兼职写些淘宝文案，所以就认识了刘君明。

早些年，刘君明一个人做淘宝网店，现在，她已经拥有了品牌旗舰店和自己的团队，并且正在谋划向线下发展。我好奇她的故事，时常缠着她讲讲创业的经历。

刘君明有一张早期经营淘宝网店的照片，照片里的她坐在货堆中，周围散着一些待打包和打包好的童装。她右手拿着一杯凉透了的咖啡，一眼可以看出她脸上的疲惫。

刘君明说，那时打包装累得不小心睡着了。睡梦里，店铺遭到客户投诉，等级不停地往下掉，她一身冷汗地惊醒过来。当时是半夜一点多，周围静悄悄的，她突然觉着心里难受，喝了一口凉咖啡。她感到无比厌倦这样的生活，才拍下了这张自拍照。

在此之前的好几年，刘君明每天醒来便坐在电脑前当客服，接着就是一边打包货物，一边回复旺旺，开车去拿货也不得不带着手机以便回复客户消息。打包很机械，有时候蹲在衣服堆里一干就是半天，常常弄完了她都直不起腰来。

一个人做网店，刘君明为了节省时间，吃饭都是点外卖，蒸包子、蒸饺、炒饭、炒面这种快餐食物，最多的时候她一连吃了两个月。

有一年，刘君明在淘宝上开了 3 家网店，恰逢儿童节大促销，一天竟卖出了 10000 多单。这笔订单，她足足花了 4 天时间，每天睡觉不到 4 个小时才把货发完。

孤身一人做淘宝，刘君明既是老板，也是搬运工、客服，然后选货、服装上架、打包邮寄、处理退换货，全是她一个人。那几年，她的生物钟紊乱，生活状态也很糟糕，但值得安慰的是，她账户里的钱也越来越多。

日复一日的高强度劳动，逐渐消磨了刘君明的干劲儿。有一天，她意识到这不是将生意做大的正确方向。想清楚了这些，她决定孤注一掷将这几年挣到的钱全投到扩大规模上，她告诉自己，不成功，便成仁。

刘君明找了一间足以装下之前两倍货物的仓库，又在天猫注册了店铺，同时也拿到了某品牌童装的代理，聘了一名客服。还没开始盈利，这几年的积蓄已经被她全部投了进去，没有退路就只能一条道走到黑。

刘君明将每个月的利润全部拿出来作为投资，用来聘请打包师傅，增加客服，请服装模特，进货，整修仓库……

就这样，刘君明一路摸爬滚打，之前她想不明白、做不了的事，做着做着就越来越清晰。她迎来了蜕变，一改之前一个人拿货、卖货的生意模式，以更加高效的团队运作模式，将她的童装生意越做越大。后来，她的团队逐渐扩大，早期聘请的客服和打包师傅都成了部门负责人。

刘君明说，以前是干活儿干到疲累，现在是操心操到心碎。生意做大了，她的思维和眼界也得赶紧跟上，不然关系到公司上上下下几十号人的生计。若是自己的决策不当，后果就不像从前那样由她一个人便能承担。

刘君明将这段经历理解成渡劫，潜藏的劫难——如果压抑着不去改变，终将有一日会一触即发；如果拿出九死一生的决心，熬过去了就是蜕变。

但是不管在哪个阶段，都会有每个阶段的责任和压力，有所收获也必有所承担。欲戴王冠，必承其重。

在灯光下闪耀的人，灯光后的背影也高大。当你羡慕他人的勇敢自信、光辉成就时，也要看到灯光暗淡处对方遇到的困难与阻碍并不比你小。

董卿在《朗读者》里说："勇敢的人，不是不落泪的人，而是愿意含着泪继续奔跑的人。"

能有所成就，在自己的人生中加冕桂冠的人，并不是一生顺遂、没有遇到挫折阻碍的人，而是那些在困难面前敢于承担、勇往直前的人。有勇气、敢于承担的人，会在自己的道路上越跑越远，身后的光影也会越来越长。

如果因为现世的不如意，而抱怨自己身世惨淡、遇事多不顺，为自己的失败找尽理由，那你终究不能跨过阻碍你的那堵高墙。

想要在自己的人生中走出一条康庄大道，先要有修路凿墙、一往直前的勇气与能耐。

倘若在职场上，升职高就的那个人不是你；爱情里，男神喜欢的那个人不是你；比赛竞技中，赢的那个人也不是你，你是否会鄙夷又不服气地吼出那句："凭什么是她？"

或许，我们更应该质问自己一句："为什么不能是我！"

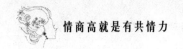

孟子曰："故天将降大任于斯人也，必先苦其心志，劳其筋骨，饿其体肤，空乏其身，行拂乱其所为，所以动心忍性，增益其所不能。"

在曲折中磨炼，方能收获财富；经得起考验，才有皇冠可戴。

想要从枯乏无趣的生活中摆脱出来，想要改变自己颓丧懒散的心态，便不能放任自己安于现状；想要实现梦想，想要迎接光辉的明天，就要学会在看不见光的黑夜里依旧坚持前行。

不管是他人的成就，还是你自己的小进步，从来都不是轻而易举就能获得的！

因为害怕承担，而卸下你自认为的"负担"，那再小的挑战你也将不堪重负。若是带着"不成功，便成仁"的决绝，不退缩、不闪避，闯过一道道难关，也就能"增益其所不能"，成就自己。

获益与承担或许不能完全对等，但是"做了也没有用"，叫屈、叫苦、埋怨他人的心态却应当鄙夷。想要从困境中走出来，迎接属于自己的光辉，还须经得住苦难，担得起自己的责任。

▶ 梦想不是一日看尽长安花

刚认识林菀的时候，她正筹备开一家旗袍店。新店开张，需要做的事情特别多，林菀一个人既是老板，也是设计师、陈列员，还得带着新招来的小妹做销售。

林菀 27 岁时从很有前途的设计公司离职，然后结婚生宝宝，做了 4 年的家庭主妇。

做了妈妈的林菀，生活重心是孩子，自己舍不得随便买衣服，照顾孩子却做到了极致。

林菀以前爱穿精致漂亮的旗袍，为了方便照顾孩子，4 年里她再没穿过旗袍。孩子 3 岁时，她看着镜子里邋遢、不修边幅的自己，不知道哪里来的勇气，想要重回职场找回自己。

父母劝她，孩子小对她还很依赖，或者还可以生二胎，可是林菀也有自己想要实现的梦想。

重回职场，林菀说，她也想过后悔，因为太难了！她曾经是小有成绩的服装设计师，在她的人生规划里，想做自己的服装品牌，服装风格她都想好了，就做旗袍。

一切重新开始，31 岁的林菀面对已经完全陌生的市场行情，她感到了恐惧。但恐惧能把人淹没，也能让人背水一战。

设计出身的林菀，重新拿起画笔，把埋在脑海里的思绪，一点一点地绘制成实实在在的服装样式。细致到衣服面料、纹路，领口、袖口、裙摆的独特设计，林菀都要重新学习怎样找灵感，怎样设计才能舒适、美观，怎样才能在保证质量的情况下节省面料和人工成本。

设计敲定了，为了找到合适的面料供应商和服装加工厂，林菀起早贪黑地在市场里转悠，一家一家地查看质量、询问价格。几天下来，林菀常常头昏脑涨，脑袋里除了一些零散的面料价格，什么也装不下。她时常忘记吃饭，等到肚子饿了，才发现已经下午两点多了。

林菀找到一家供应商，经过多番交涉，对方愿意以优惠的价格为她少量供货。另外，她托以前的同事和服装行业的朋友介绍，也总算联系好了加工厂。

林菀的设计图纸，变成了一件件精致又独特的旗袍。

林菀的旗袍生意刚起步，只能委托朋友帮忙在各家的服装店里代售。然后，她自己开始研究起了网店。

旗袍质地好、设计独特，再加上物美价廉，没多久，林菀就有了第一笔订单。为了制作出大家喜欢的旗袍样式，林菀组建了用户粉丝群。后来她感叹道，很多令她得意的设计灵感都来自这些老顾客。

林菀的旗袍生意开始红火起来，她一个人扛不住，准备招兵买马。但当时品牌还不够成熟，生意也刚刚起步，林菀没有多余的钱来聘用行业大拿，只好招来两个服装设计专业的在校生，兼职帮她打下手。

有个知名的服装品牌看中了林菀的旗袍设计，开出诱人的价格想买下服装所有权，签下林菀做设计师。那时候，林菀正忙得焦头烂额，如果能挂靠知名服装品牌，专心做好设计，对她来说是再好不过的选择。

可是，林菀断然拒绝了。她说，她想做的不仅是自己的服装品牌，更是梦想。

喜欢林菀品牌旗袍的人越来越多，有十几岁的少女，有五六十岁的阿姨，还有喜欢收藏旗袍的老顾客。

时机成熟的时候，林菀开了第一家实体旗袍店。林菀

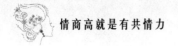

依旧很忙，忙着设计，忙着了解什么款式的旗袍是顾客想要的……

林菀一步一步努力着，有困难的时候，有想放弃的时候，也有充满诱惑的时候，但是她说："梦想不是一日看尽长安花，我还有梦想，我还能坚持。"

《火影忍者》里，我最喜欢的人物是外形普通、不会忍术和幻术的李洛克，因为他最接近于现实生活中的我们，大家都称呼他"小李"。

小李是个笨鸟先飞型的热血少年，一心想要成为一名优秀的忍者，一直为此努力奋斗着。不会忍术和幻术的他，也没有与生俱来的特殊技能，想要脱颖而出便只能付出更多的努力和坚持。

坚忍不拔、起早贪黑地训练，纵然一次次失败，小李却始终坚信，只要足够努力照样可以成为优秀的忍者。

中忍考试时，小李对佐助说："强者可以分为天才型与勤奋型。我虽然算不上强者，但我属于勤奋型，我一直都想证明，努力是能够超越天才的！"

小李的努力不是口头上的逞强，而是每每受挫后更加坚定的信念、每天持之以恒地体能锻炼，最终他成了上忍。

我们又何尝不能这样，想要脱颖而出，想要做成自己想做的事，不跟别人比天赋，只跟自己比坚持。

"立志用功如种树然，方其根芽，犹未有干；及其有干，尚未有枝；枝而后叶，叶而后花。" 翻译过来的意思大致是：立志用功，就像种树一样，刚开始只有根和芽，没有树干。等它长出树干时，还没有长出树枝。树先长枝，后长叶，先长叶，然后才有花和果实。

如果说开出的花和结出的果实便是梦想，那么，我们需要用努力去浇灌根芽。

只管日积月累的努力，我们会发现在该发芽的时候便能发芽，在该长树干的时候便能长出结实的树干。等到树叶丰满、花果丰硕的时候，梦想也就实现了。

想要做成一件事，想要达到某个目标，开始时我们常常兴奋不已，坚持时却拖延怠慢。可是努力向来不能一蹴而就，梦想也不是一日看尽长安花。当懈怠的声音在脑海中响起时，告诫自己不用纠结，只需要动手去做，去解决每一个问题，去完成每一个任务。

坚持用努力浇灌梦想之根芽，不知不觉中，某日清晨会闻到幽幽花香。

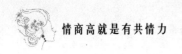

▶ 渴望共情的生活

闲聊时，一群二三十岁、脸上看得出被社会浸染了些许沧桑的大小伙子、大姑娘说起小时候的渴望，竟引起了一阵热议。

有个男生说，小时候看了《西游记》后，也渴望能吃到唐僧肉，可后来只吃到一款叫"唐僧肉"的零食；有个姑娘说，她到了 20 岁时依旧渴望成为魔法美少女；有个小胖子说，小时候他就希望有个永远都装满零食的大冰箱……

何凤说，她小时候希望拥有拯救世界的力量，就像黄蜂女、超人那样。不过，15 岁那年，她只渴望凭自己的能力考上一所还不错的高中。

在老爸的公司经营出现问题之前，何凤从来没担心过考学的问题。即便她从小成绩不好，父母也会通过缴借读费的方式，帮她找到当地比较好的学校。

初三之前，何凤就是个无忧无虑的小公主，忙着跟同学煲电话粥，热衷各种买买买、玩玩玩。

突然有一天，何凤偷听到父母的谈话。父亲的公司出现了严重的资金周转问题，导致公司面临倒闭破产。那时候，何凤不知道事情到底有多严重，但她第一次看见父亲原来也会哭。

父亲的公司出现状况后，对何凤一家的直接影响就是搬家。搬家那天，家里值钱的东西都变卖了，然后父母严肃地找她谈话，告诉她大致发生的事情。

何凤记得当时父亲告诉她，她考上怎样的高中就读怎样的学校，父母没办法再帮她择校了。

还没等何凤从眼前的状况中缓过劲儿来，生活已经发生了巨大的变化。他们住的大房子变成了小巷子里的廉租房，一家人吃饭的大餐桌变成了低矮的折叠凳，她口袋里也再没有多余的钱可以去进行各种消费……

有段时间，何凤迫切地渴望自己拥有神奇的力量，可以力挽狂澜，扭转一切，但是她什么也做不了。

就像上小学时，她迫切地想要集齐108张"水浒卡"，却怎么也集不齐。当时，她撒泼、打滚、耍无赖地央求父母给她买了两箱方便面，依旧还差十几张没能集齐。她再次想方设法地让父母帮她积攒"水浒卡"时，父母跟她说了好些大道理，总之没能同意，她为这事还耿耿于怀了好长时间。

现在，她不能再像小学时那样撒泼打滚地求父母了，什么也做不了，她得好好读书考高中。

整个初三，何凤比环卫工都起得早。她在路灯下面大声背课文，环卫工阿姨斜着眼睛看她，大概疑心她脑袋不灵光。何凤确实不算聪明，底子又差，她只能利用一切可以利用的时间。

英语听力训练有5分钟间隔，下课有10分钟休息，一切可以利用的时间，何凤都用来疯狂地刷题。她不敢多喝水，上厕所也总是赶在上课的前一分钟，因为可以节省排队时间。放学进家门前、晚上睡觉前，她会在心里将一天的知识重点和课文默默地背诵一遍，才敢安心地进家门或睡觉……

何凤进步很快，但模拟成绩时好时坏，考得差的时候她在回家的路上偷偷掉眼泪，考好了也不敢骄傲。直到中考成绩出来，她都不敢相信自己的成绩足以上全市最好的高中。

后来，何凤考上了一所不错的大学，毕业后在一家知名的外企工作。几年后，家里的债务终于还清了。

自初三以后，何凤便一直相信：那些你十分渴望又得不到的东西，只要拼命努力地拿汗水去换，对目标执着而不沉溺，你自然不会留下遗憾。

长大后的我们，最终没能成为魔法美少女，也没能成为超级英雄。但是，或多或少有那么几件事是我们怀着豪情壮志去认认真真努力过的。

罗曼·罗兰在《米开朗琪罗》里说过这样一句话："世界上只有一种真正的英雄主义，就是认清了生活真相后还依然热爱它。"

哪怕成功的概率很小，你依旧愿意豪情壮志不遗余力地去努力一次；哪怕明知道路艰险，你不埋怨、不退缩，依旧满怀希冀地去拼尽全力；哪怕认清渴求的痛楚，你依旧热爱它，愿意用努力、梦想去滋养它。我想，这才是一种真正的英雄主义。

我们没有改变世界、扭转乾坤的力量，但是，哪怕拥有的力量很微弱，如果心中有渴望、有梦想，那就满怀壮志竭尽所能地去实现它，你也可以活成自己生活里的超级英雄。

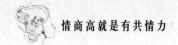

"也许人类的悲哀便在于此，拥有的东西不去珍惜，对于得不到的却永远渴望。"海伦·凯勒在她的书里写下这句话。

渴望是梦想、是目标，也是一份野心。有时候，它会如同旋涡一样，使你沦陷其中，挣脱不得却也达不到。面对渴望，我们还须多一份理智，懂得努力争取心中所想，亦懂得释然所有事与愿违。

小到总是无法收集全的卡片、没能到手的玩具，大到终归陌路的恋人、人生中失败的某次面试，我们须懂得努力去争取，努力去达成，有实现渴望的机会便要好好珍惜。若是错过了、失败了，也要懂得放下执念，继续向前。

你用什么喂养渴望?

面对渴望，愿你有勇气、有热情，就像口渴了想喝水一样，把努力实现渴望当成理所当然和生命中的必须。

面对渴望，愿你心中有美好，但也要多一份理智，执着而不沉溺，努力而不偏执。

▶ 向着阳光，爱你本来的样子

室友何毓婉收拾好一切回老家那天，是我给她送的行。她来的时候提着一只大号的银色行李箱，回去的时候依旧是那只行李箱，看着她独自走进车站的背影，我多少有些落寞。

阿婉从小最羡慕的人是她表姐，表姐聪明漂亮还能拉一手好听的二胡。

表姐大学毕业后就留在了深圳，在一家不错的外企工作。表姐因为能力出众，工作表现优异，没几年又被外派出国。阿婉想，就凭自己那口说不利索的英语，出国工作暂时是不用想了。

但因为表姐的原因，阿婉一直不甘心生活在小城市里。她辞了老家的工作，跟爸妈吵了一架才下定决心走出来。

在外面待了两年，阿婉妈问阿婉，工作可有起色？阿婉说，每天起早贪黑地做设计，在公司依旧是个小透明。阿婉妈又问她，这两年可有积蓄？阿婉说，工资付了房租等生活开销，也就能慰劳自己那张贪吃的嘴。最要命的是，阿婉妈问她男朋友找得怎么样了，阿婉支支吾吾地岔开话题。

就这样，阿婉被家人拽回了家。

回到家，阿婉落寞了两个星期，又恢复了她的吃货本性，在朋友圈里不时晒各种美食。

阿婉的家乡家家户户都种橙子，橙子品种齐全，一年四季都有的吃。大城市可买不到这样又甜又好吃还便宜的橙子，阿婉常常这样自夸。

家乡的橙子，阿婉自己喜欢吃，时常也会推荐给相熟的朋友。这时，阿婉灵机一动，便在朋友圈卖起了家乡的橙子。她从相熟的果农那里低价拿货，再在朋友圈往外销。

阿婉本是设计出身，拍出来的橙子看起来香甜可口，小生意也就做出了模样。

找阿婉买橙子的老顾客多了，橙子的销量也逐渐增加。阿婉开始在橙子的包装上下功夫，她自己拍摄宣传用的图片，设计包装盒的样式，还打上了家乡的名字。

橙子物美价廉，阿婉的服务也周到，她的生意自然做得风生水起。

第二年，家乡的橙子滞销，果农积压的橙子卖不出好价钱。果农们急得发愁，阿婉也替他们着急。左思右想，阿婉决定把生意做大——在电商平台注册店铺，尽量帮果农们多卖些橙子。

说做就做，阿婉热心肠也实干，很快在淘宝和拼多多注册了店铺。然后，商品上架、图片美化、产品描述……阿婉一个人承担了网店所有的工作。

本来爱吃爱喝的一小姑娘，自从倒腾起橙子生意，连美食都顾不上了。阿婉妈心疼阿婉人都瘦了一大圈，小小年纪还长出了白头发。

阿婉一头扎进橙子生意里，倒是忙得不亦乐乎。从早上睁开眼到晚上闭眼休息，阿婉脑子里装不下其他事，全是她的橙子生意。最长的时候，她连着 6 个月没有休息日，也没有出过远门。

不到一年，阿婉的网店就有了起色，生意做得越来越红火，她又在天猫注册了店铺。然后，她转动灵活的脑筋，想着法子做促销，不仅卖橙子还卖礼品卡，凭礼品卡一年四季都可以在店铺兑换橙子。

有果农向阿婉请教，怎样在网上开店卖自家的橙子。阿

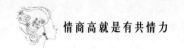

婉从不吝啬，手把手地教他们做电销。让阿婉开心的是，以前家乡的年轻人毕业了都往外跑，自从大家发现橙子可以自产自销后有好多人从大城市回来，像她这样做起了电商。

阿婉家乡的橙子开始在电商圈里小有名气，种橙子的果农越来越多，引进的品种也越来越丰富，果农们的日子也越过越好。

阿婉很满足现在的生活，不久后她也找到了自己的幸福，成了家并且有了可爱的宝宝，她喜欢一家人在一起做着喜欢的事。

阿婉不再羡慕别人的生活，因为她明白，每个人都有自己要走的路。找到它，然后在自己的故事里破茧成蝶，就很美好！

有人向往高处一览众山小的雄伟，有人向往庭院三两株梅花的雅趣。不必带着自己的眼光去点评他人的梦想，也不必盲目复制他人的路，你得倾听自己的心声并为之付出努力，即便是半路跌倒也不悔当初启程，那才是你的路。

大冰总能将困扰我们的问题说得那样简单直白："不管折不折腾，适合你自己的，就是最正确的。追求最适合自己的东西，就是追求的意义。"

与其站在人生的岔路口怀疑自己的对错，不如静下心来问问自己想不想，想便去谋求！这大概就是一个人的追求。

当你沉浸于自己的追求，只会专注于心中所想，不会羡慕他人的成功，也不会在意他人的目光。这种纯粹与专注，终将会助你实现自己的梦想，成就自己的成就。

蒲松龄之所以能写出《聊斋志异》这样一部奇书，大概正如他在书中所说："书痴者文必工，艺痴者技必良。"喜欢一件事，专注它，做个痴人，那必然能成功。

每个人都有一两件喜欢或是痴迷的事，你是选择抱着无所谓的心态浅尝辄止，还是专注进而有所增益呢？你说你想学一种乐器，几年过去乐器买了不少，却仍旧一种也不会；你说你喜欢旅游，结果攻略看了不少，却迟迟没有出行。当你想做一件事情但还在权衡得失利弊的时候，有的人已经拿起了乐谱，有的人已经走出了家门。

专注的乌龟都已经到达了终点，迷失的兔子还在途中留恋。就像你仍在自己的困境里作茧自缚，有的人早在自己的故事里破茧成蝶。

　　愿你不再彷徨、不再犹疑。愿在梦想的路途中行走的你，脚步是坚定的。

　　不必羡慕他人的成功，不必复制他人的路，你大可在自己喜欢的路上一直走下去。找到自己喜欢的事情并且专注于它，这个过程本身就很美好，而你最终也将迎来破茧成蝶的时刻。

Part 3

别在该努力
的时候选择安逸

所谓努力不是一个响亮的口号，不是可以拿来炫耀的谈资，是头悬梁、锥刺股的觉悟，是狠心将自己全盘否定再重新塑造的过程。

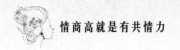

▶ 情商高，就是会共情

　　刘宇结婚了，新娘是我们班出了名的成绩第一、美貌第一的班花祝晓芸。如今，站在新娘旁边一表人才的刘宇，怎么也无法让人联想起当年那憨厚笨拙的大胖子。

　　大家嬉闹刘宇，说他能娶到班花简直是奇迹。刘宇说，确实是奇迹，但能娶到心仪已久的女神不是碰运气，而是因为努力让他更加自信、勇敢，抓住了那么好的她。

　　刘宇以前的外号叫"大胖墩"，一米八几的大个子比同班男生要高出半个脑袋，一百八十多斤的体重也比男生要宽出小半个身体。那时候，刘宇看上去威武雄壮，实际上却很好"欺负"。

　　路上有同学大声叫刘宇"大胖墩"，他不急不气，只是脸一红小声地答应着；有同学故意跟他赛跑，他因为体形的原因跑起来很费劲，却也从不拒绝，想着即便不能赢也一定要坚持跑到最后。

刘宇总是做事温和，走路慢吞吞，说话也慢悠悠，有点儿害羞，也有点儿不自信。

其实，长相很招摇实际上却没什么存在感的刘宇，那会儿已经坚持游泳减肥小半年了。他没什么运动细胞，协调性、弹跳力、身体柔韧度都很差，但他从来不是体育老师头痛的对象，因为他耐力好，从不半途而废。

刘宇不擅长运动，光学会使身体在水中漂浮就花了三个月，更不用谈减肥效果了。

刘宇没有大声嚷嚷着要减肥，同学嬉闹他，他也从不反驳，只是默默地练习着游泳。老师教的动作太难，他记不住也不能马上学会，他便一遍一遍地重复练习。

刘宇喜欢祝晓芸这事儿，就像他练习游泳一样，只是默默地坚持着。他有一本厚厚的记事本，从高中起到现在，里面满满写的都是祝晓云。他用一点一点的文字，记录成了一本厚厚的情书。

其他人可以自然地表达对祝晓芸的欣赏和喜欢，可刘宇不敢，他只能悄悄地把这份喜欢放在心底。因为那时候他很

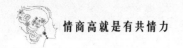

自卑，连自己都不满意自己，怎么能跟那样优秀的女孩在一起呢？

刘宇花了整整一个月写好的一封情书，到毕业也没敢送出去，他怕祝晓芸收到他的情书被同学们笑话。

喜欢一个人，就要逼自己变得更好。即便学习时间紧，刘宇也没有放弃游泳减肥，坚持了一年半到毕业那会儿，他瘦了十几斤。

祝晓芸真正注意到刘宇，是在一次小型的毕业晚会上。刘宇被推上了表演舞台，同学们嬉闹着让他表演节目，他极其不好意思地上台演奏了一首钢琴曲。

那时大家才知道，看上去憨厚笨拙的刘宇弹得一手好钢琴。当时刘宇没什么天赋，也不爱表现，只是他学习钢琴坚持了 10 年。

平日里，没有听众、没有掌声，不去争辩也不强求，刘宇总是默默地坚持着。游泳减肥也好，练习钢琴也好，他只是想把这件事做好，做到让自己满意。

也是那次开始很仓促但结果很精彩的钢琴演奏，让刘宇意识到，坚持努力总会有让自己更加美好、自信的一天。

努力到让自己满意的时候，总是会有意想不到的事情发生。暑假里，刘宇遇上祝晓芸，紧张到心跳加速的他鼓励自己勇敢地跟对方打招呼。祝晓芸甜甜地笑着说，要不要一起去吃冰激凌？

大学毕业后，刘宇和祝晓芸一起出国留学，他俩多年同窗情谊，最终喜结连理。一路走来，大家知道，这些年刘宇也一定像当初那样默默地努力着。

对刘宇来说，奇迹可能是不计成果地去努力，只是想有一天出现在她面前的是最好的自己，然后他可以理直气壮地递出那封准备了很久很久的情书。

努力到让自己满意，或许只是追寻当初的那一份初心。无关胜负，无关成败，努力本身便是一件值得敬畏的事。

那首《最初的梦想》在细听之下，我懂得了只有努力的人才能写出这样美好的歌词："最初的梦想绝对会到达，实现了真的渴望，才能够算到过了天堂。"那份初心，大概便是这纯粹的渴望。

即便在现实面前能力不堪一击，即便追寻梦想的道路总是充满艰辛，但这一切更让人懂得努力的可贵，更珍惜一路走来的温暖与执着。

所有的努力与坚持都会有所沉淀，这份沉淀不一定是名

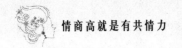

誉或者金钱。你曾怀揣一份纯粹的渴望出发过，如果这一路的努力必须给出一份答卷，可以简单到只是让自己满意就行了。

怀揣初心，梦归天堂。不曾忘记自己为何出发、为何努力，往往更能实现真实的渴望——不被繁华所扰，不因挫败而颓丧，也许这便是奇迹。

王安石在游览大好风光时感慨："世之奇伟、瑰怪、非常之观，常在于险远，而人之所罕至焉，故非有志者不能至也。"

努力或许并没有那么多的缘由，而是努力了一定会有不一样的体验，是一种发自内心的自我探寻。

世间奇妙雄伟、壮丽奇异的景象，常常在那偏远、险阻的地方，所以不是有志向的人，一般都不会到达的。

而努力到让自己满意，便是面向自身的一种探寻。我可以做到什么程度？我能达到怎样的高度？我的事业、我的爱情、我的生活可以有怎样的变化？有意志的人，努力过才能找到答案！

所谓的奇迹，不过是在一次一次地探寻中一次一次地突破。面对自我，更深度地探寻，亦非有志者不能至也。

怀揣着渴望出发，不管最初的梦想有多异想天开、有多遥不可及，只管努力去达成自己预设的目标。不过多渴求他人的肯定与赞许，不过多在意失败时的嘲讽与贬低，努力可以很简单，只是让自己满意。

你是否有过这样的体验？当你纯粹地想要做好某件事而意志坚定地去实现时，往往愉悦且更易达成。

愿你不忘初心，意志坚定地去探寻未知的自己。

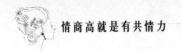

▶ 做一个特立独行的姑娘

上大学的小妹时常说起她们宿舍的程希英。以前小妹常说，最不爱跟程希英打交道，现在却总说，她最佩服的人就是程希英了。

以前，小妹不爱跟程希英打交道，是因为程希英不太合群。同一宿舍的女孩子相约一起看电影、逛街，每每问到程希英，她要么没时间，要么没兴致；宿舍里常谈的那些综艺节目啊、偶像啊、八卦啊，程希英也通通对不上号。

有一次，室友们热火朝天地讨论着正热播的韩剧，小妹问程希英喜欢男一号还是男二号，程希英只是淡淡地回了一句："都挺喜欢的。"

程希英总忙着自己的事，吃饭不跟宿舍的同学一道，上课比大家去得早，周末也常常不见人影。小妹平日里爱黏人，也不爱出风头，对程希英就有些敬而远之，一是觉着程希英定然不好相处，二是怕大家说她同程希英一样，也不合群。

　　一次学期末的结业小论文，小妹偏偏跟程希英分在了一组。小妹心里一万个不乐意，但好在只是小论文，一般情况下大家也就随便做做。小妹想，不必非得拉着程希英，自己在网上查查资料，确定好主题，然后将观点东拼西凑一下，成绩也能及格。

　　小妹将自己的想法告诉了程希英，程希英二话没说，拉着小妹就去了图书馆。她说，既然要做，那就得做好，可不能敷衍了事。

　　小妹第一次感受到程希英的能耐，不到半小时，放在她俩面前的参考资料已高出了人头。程希英在小论文上的认真度，完全超出了小妹的想象。她俩将参考资料翻过了一大半，才正式确定好了主题。

　　程希英又指导表妹，将与主题相关的探讨方向一一用关键词的方式列举出来，再通过这些关键词搜索大量的参考资料，利用思维导图，把脑子里接收到的信息和零散的思绪一一整理清晰。

　　就这样，小妹被程希英拉着泡了三天的图书馆，才将前

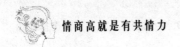

期的准备工作做好。让小妹意外的是，之后动笔写论文竟觉着得心应手。小妹一边抱怨程希英做事太较真儿，一边在心里佩服起她来。

与程希英渐渐熟悉之后，小妹才知道程希英对待每件事情都有自己的一套。

程希英想学跳舞，可她一点儿基础也没有，于是，她便利用大家看剧、逛街的时间报了培训班，坚持每天去练习。她还参加了学校的街舞社，别人底子差不敢太张扬，她底子差却从不错过展示自己的机会。

当时，程希英学的是法学专业，她说毕业后想进电视台当一名主持人。小妹笑话她想法奇怪，程希英全然不在意。

程希英利用周末时间兼职做导游，考普通话证、导游证；她参加了学生会，学生会组织的大小活动，她都积极报名做主持；她还会留意校外的演讲、主持比赛，她不仅去参加，还得过奖。

与程希英相处多了，小妹打心眼里想向程希英学习。程希英参加的社团，小妹也参加；程希英平日里准备的考试，小妹也跟着报名；小妹没想过做主持人，也屁颠屁颠地跟着程希英练台风。

这事闹得程希英哭笑不得，问小妹大学毕业后想做什么，小妹冥思苦想了两天，说她想考研，将来当一名大律师。程希英无奈，只好教小妹怎样制订自己的目标计划和学习方法。

程希英告诉小妹，得在自己的爱好和目标上花费时间，才能不迷茫、不从众，你这样总是跟随他人的脚步，很容易陷入他人的节奏亦步亦趋。

小妹现在认真地在准备考研，才大二下学期就天天往图书馆跑。有人劝她，大三再准备也不迟。小妹倒是坚定地说："我有自己的目标和计划，那就应该按照自己的节奏走。"

每个人都想拥有自己的闪光点，庆幸的是你拥有独立的灵魂，可以自由地思考，可以选择做自己。"毕竟我不像饮料那样，贴着草莓味或柠檬味的标签。"正如《余生皆假期》里这样说的。

然而，现实中的我们并不像想象中那般特立独行，为了不像混在红豆中的绿豆一眼被挑出来，往往我们更愿意跟随大众。

　　如果你被打上了"好学生"的标签，似乎努力学习考上好学校，将来有份体面的工作就是理所当然的。倘若其间出现了偏差，或许你需要接受来自他人的惋惜、责备，甚至嘲讽。

　　我们习惯于给物打标签、给事打标签，一不经意间给自己和他人也打上了某种标签。莫要让这个标签成为一种束缚，使你心安理得地接受大众的想法与要求，而不调用自己的大脑和心灵去思考和探索。

　　《史记·商君列传》里，商鞅与甘龙讨论变革之道，商鞅说："论至德者不和于俗，成大功者不谋与众。"意思是说，讲究最高德行的人，不会附和世俗的见解；成就大事业的人，不会凡事都与众人商议。

　　那些感动我们，让我们觉着不可思议的事情，往往是起初你不敢相信的事情。莫要让大众的不相信、不可能，限制了你的可能。

　　当你内心足够坚定，便不会因为周遭的耳语或是白眼而动摇、退缩。不三人成虎，不人云亦云，你才能从大众的思维中跳脱出来，动用自己的脑袋，挖掘自己的所思、所想。

　　充满魅力又耀眼的人格，一定是自信而又独特的。

　　明明不愿减肥，却因为周围的朋友热衷锻炼，你便不咸不淡地跟着参与，那结果必然也是不咸不淡。你不一定要成为第一个吃螃蟹的人，也不一定要尝试所有的新鲜事物，而是要拥有独立的思维，敢想敢做。

　　不从众，才会出众！

　　在自己的目标和梦想里义无反顾的人，总会得到意想不到的眷顾。

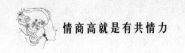

▶ 你的温暖，不能没有坚韧

第一次见到思莹，我被她精致的装扮、淡雅的气质吸引得挪不开眼。

当时，我还有些嫉妒她，在心底暗想，漂亮的女人多半不好相处。可思莹是我见过少有的与人为善、尊重包容他人，对自己又十分严苛的人。

思莹曾有一段不幸的婚姻，前夫性格懦弱，婆婆却是苛刻厉害的类型。思莹的娘家在农村，又因为自己不能生育而不被婆婆喜欢。在厉害婆婆的多次威慑下，软弱的丈夫还是跟她提出了离婚。

思莹说，所有人都劝她不管怎样都不能离婚，她委屈过，妥协过，挣扎过，也抑郁过，但她后来还是决然地结束了这段感情。

思莹能做出这样的决定，是因为她想起了自己当初下定决心学英语的事，相信自己努力便什么都不怕的信念。

早些年，思莹在一家国企人力资源部门当主管，又与前夫是新婚，旁人羡慕她工作好，嫁得也好。她过着自己的小日子，也觉着幸福满足。

思莹所在的单位，平日里的工作很安逸，办公室里其他同事比起工作业绩，更关心美容、时尚和孩子。思莹想趁年轻应该努力去做点什么，比如学习一门语言或是某种技能，可这种想法被周围的人不屑一顾。

有一次，思莹负责单位保安的招聘，有一位面试者各方面都很不错，但因为不会说普通话最终被淘汰。

思莹当时感到很恐慌，这种来自他人的危机感，使她压抑在心底想了好久的事变成了不得不去做的事。就这样，她下定决心学英语、考雅思。

思莹学英语用的是笨方法：记单词，背语法，刷题册。打开词典，90% 的单词思莹都不认识，她不得不抱着词典一页一页地背。同事们讨论新买的名牌包，思莹的背包却悄悄地换成了结实的帆布袋，里面装着厚重的学习资料。

思莹考了一年半的雅思才及格。

在这一年半里，思莹每天醒来第一件事便是打开广播听

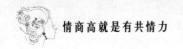

英语新闻，这个习惯她一直保持着。

那时，专注于学习的思莹顾不得打扮，也不爱交际，有时间便窝在家里看语法、刷习题。她没有想过学了英语、考完雅思之后能用来干什么，她只是努力地把想做的事情做好。

丈夫和同事不理解思莹对于英语的执着，他们劝说她，没事何必这样为难自己？

没两年，单位因为效益不好大量裁员，思莹也在内。也正是那段时间，思莹的婚姻出现了状况。

心灰意冷的思莹，好长一段时间内觉得自己一无所有。令她感慨的是，当初所有人都觉着没什么用的英语，成了她熬过那段灰暗时光的唯一武器。因为有了一定的英语基础，没有稳定工作的时候，她还能零散地接一些翻译的活儿，后来她又做过英语家教，也去过辅导班培训少儿英语。

失业加上离婚，在最困顿的时候，思莹并没有太多的选择，她只能选择努力地提升自己，不会的可以学，没有机会可以多尝试。

就像那年考雅思一样，再难啃的骨头一点一点啃，也就啃完了；再难走的路，一步一步走，也就过去了。思莹将全部精力用来努力学习、努力工作，顾不得旁人的闲言碎语，也没有心思去抱怨、去怀恨。

思莹得知前夫再婚消息的那天，也接到了研究生录取通知。对于前夫再婚这件事，思莹不去祝福，也不怨恨，她有自己要努力的事，时光已将她变得更加美好。

我遇见思莹的时候，她已经是一家培训机构的校长。我喜欢她身上散发出来的从容淡定和胜券在握的气场，那是一份相信努力便无所畏惧的信心，也是一份在时光里积淀下来的自信。

我们无法用现在的眼光去衡量时间，未来也可能瞬息万变，我们唯一可以把控的是，在今天努力提升自己的技能，炼出自己的武器。

你只须努力，像打造一柄剑一样，经过反复地冶炼、浇铸、加工，等到开刃的时候，你才知道它的锋利。在安逸稳定的日子里不懂得磨好自己的剑，在未来的某一天需要拿起武器时，你的剑恐怕早已生了锈。

"因为一切好东西都永远存在，它们只是像冰一样凝结，而有一天会像花一样重开。"有人说，《偶成》是诗人在历经磨难后的大彻大悟。

不用去质疑你今天的努力有没有用、你今天的付出值不值得——你只需要努力，有一天它们也会像花一样温暖你，像开刃的剑一样保护你。

安心地把答案交给时光吧。

一位非洲女作家曾说："种一棵树最好的时间是十年前，其次是现在。"

时间是宝贵而又美好的，可以让一棵小树苗长成参天大树，可以让你三十而立、四十不惑。但一切的美好不是凭空而来的，你得在十年前种下一棵树，你得在二十几岁时学会努力。

如果没有，那请把握住现在！

你唱歌好听，是一句一句反复练出来的；你文章优美，是一字一字推敲出来的；你身材健美，是一天一天锻炼出来的。时光的公平大概便在于此，任何人都可以通过一次一次地练习，一天一天地变好。

不用想现在开始会不会太晚，不用在意他人异样的眼光，如果错过了最好的时间，你还可以从现在起选择努力，然后把一切交给时光。

　　或许奋斗中的你有时候会感到迷茫，不知道自己现下的努力对不对，该不该继续；或许你懊悔曾经没有多考一个证书，没有多学一种技能，没有去大城市闯一闯。时间从现在起，每一分钟都是新的，你或许更应该抛下疑虑与悔恨，只管努力。

　　你经历过的、努力过的，在时光里会化为香气，弥漫整个人生。

心动，不如行动

陈乐博失业那段时间，整天窝在家里，不敢出门，怕见熟人，更不爱跟左邻右舍攀谈。陈妈妈倒是了解女儿，她知道年轻人多少有些眼高手低，面子薄，遇事怕见人。

陈妈妈借着打扫卫生的空当教育女儿："你看，墙角的积灰扫一扫也就干净了，不管什么事儿，你不动手去干，它都成不了。"

那天，在家"游手好闲"的陈乐博，学着妈妈的样子，挽起袖子，弯下腰来，认认真真地把家里的地板清扫了一遍。忙完看着干净锃亮反光的地板，她心里说不出地得意。

原来所谓的成就感，并不一定非得干出羡煞旁人的大事，凡事沉浸其中就好。

陈乐博反省自身的问题，不能适应之前的工作，大抵是因为她只愿做采访、写稿子，不愿掺和与资源方的洽谈。再加上她对自己不喜欢的任务总会带着情绪做，事情挑着做，结果是她自己拧巴，主管也为难，最后闹得不欢而散。

应聘了新公司开始上班以后，陈乐博告诫自己，不愿做的、不喜欢的事情，不管怎样先沉下心来做十几分钟，如果依旧不愿做再想办法。

有一次，陈乐博的任务是采访一位富商。她第一眼见到富商的照片就有些不乐意，照片里的富商肥头大耳、大腹便便，一副胸无大志的暴发户形象。她本想一口回绝这次采访任务，但转头又想起告诫自己的话，凡事先沉下心来做一做，不必急着回绝。

当陈乐博拿定主意，开始认真收集富商的资料，有针对性地写采访稿，这才了解到自己仅凭外貌武断地评判一个人是多么无知。这位富商筹资为远在山区落后闭塞的家乡修了一条通往外面的路，自此，家乡的人外出方便了，家乡的生活环境有了一定的改善。

意识到自己在采访富商这件事上的浮躁与轻慢，陈乐博更加坚定了她的"弯腰哲学"。

不满足于浅尝辄止，陈乐博为这次采访做足了准备，只身前往富商家乡做了更深一步的调查。后来，她的那篇

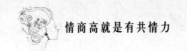

采访稿不仅获得了业内人士的好评，还得了奖。

陈乐博发现沉下心来实干的"弯腰哲学"，不仅使她在工作上拥有了更多的机会和体验，在生活上也获益良多。她从"弯腰哲学"里体会到，勤劳努力总是没有错的，凡事不去做便不能体会其中的乐趣，凡事不去深耕便永远只看得到事物的表象。

我们会发现生活中不缺乏拥有超群能力、卓绝技巧的人，而真正值得我们敬佩的是谦逊、宽厚、实干的人。他们对待自己的盲区，对待自己的抵触情绪，对待那些不曾接触过的人和事，愿意踏踏实实地挽起袖子，弯下腰来。

《荀子·儒效》里的一句古语常被人们引用："不闻不若闻之，闻之不若见之，见之不若知之，知之不若行之。"

学习的最终目的是实践，去实践了，你也就明白了当初所学的那些知识的用途。同样，最终得着手去做，做了，你才能体会到其中的乐趣。

圣人尚且要多闻、多见、多知、多行，你又哪里来的底气可以去判定什么是你该做的大事、什么是你瞧不上的小事呢？

如果你总是挑着事去做，或只旁观不着手，抑或是浅尝辄止，就会像小学课文里的小猴子下山一样，空手而归。

罗曼·罗兰说："与其花很多时间和经历去凿许多浅井，不如花同样的时间和精力去挖一口深井。"

一个人专心地去做一件事，往往更容易有所获益。本以为不愿做的事情，沉下心来先做 5 分钟、10 分钟，往往都能继续下去。很多事情不是因为很喜欢才去做，而是越做越喜欢。

虽然挽起袖子、弯下腰来要比浅尝辄止付出更多的努力，但是这种全力付出过后的沉淀也会更加厚重。比如，你花了很多的时间和精力去培养兴趣，学画画、书法、乐器，可是每一样你都浅尝辄止，不能精通。那还不如选一样花同样的时间和精力一心一意地去练习，那你对这一兴趣就会越来越精通，也会走得更远。

挽起袖子，弯下腰来，不仅仅是着手实干，更是对未曾尝试的事情怀着包容谦逊的心态去了解和学习，也是对习以为常的事情怀着重新审视的心态去调整，去一心一意地深耕。

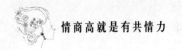

▶ 没有一种生活，比共情更美丽

办公室里最不爱招摇的徐文丽，却最爱炫耀她制作的蛋糕。第一次吃到她制作的雪花酥，香脆松软、油滑甜腻，不爱甜食的我都忍不住向她讨教雪花酥的做法。

说起甜点蛋糕，低调的徐文丽眼睛都会一亮，整个人也会变得灵动起来，有时候听她说蛋糕的做法，大家能听得流口水。

徐文丽有一本自制的菜谱，里面是她手绘的各种甜点和不同口味的蛋糕做法。每个厨师都会看紧自己的私人菜谱，她却从不吝啬将自己耗费了大量精力整理的手绘食谱借给大家分享。

什么是喜欢？徐文丽说，是你愿意一遍一遍地去尝试，不管成功与否，只要做了就会感到开心愉悦的事。

因为嘴馋，徐文丽第一次尝试做蛋糕。出乎意料的是，她不以为意的首次尝试却得到了朋友的一致夸赞。平时，徐文丽喜欢画油画，也爱上了将绘画的美感用另一种独特方式展现出来——自此，她对烘焙的热爱一发不可收拾。

没有接受过专业训练，徐文丽就花费大量时间进行阅读、思考、总结，她最喜欢的还是在厨房里真材实料地尝试和实验。有一次恰逢中秋，她一天做了10种不同风味的月饼，冰皮月饼、广式月饼、水晶月饼、酥皮月饼……她说，就为了感受一下每款月饼的不同口感和独特风味。

同一配方，她也会做上好几次，不断地调整食材比例、时间、火候，直到找到自己最喜欢的口味。

因为喜欢花，徐文丽热衷于将花的元素融入烘焙里。她还研究糖花，将自己对美的体验和脑子里的灵感用烘焙的方式表达出来。

她学习和研究烘焙不到两个月，便有相熟的朋友找她定制蛋糕，她制作的蛋糕开始在朋友和朋友的朋友中传开。而这两个月里，她潜心于将自己的蛋糕做得既好看又好吃，她留意生活中的灵感，脑子里也不时盘算如何将不同的口味进行搭配、调和。

小兴趣就这样慢慢地做大了，不断有人找徐文丽定制蛋糕和甜点，甚至甜品台、婚礼蛋糕。她又设计了自己的蛋糕

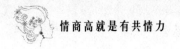

logo，在包装上花费了些心思，也融入了自己对美的理解。

第一次做甜品台，徐文丽本来有些犹豫，担心自己做不来。可是一想到将自己喜欢的烘焙分享给那么多的人，她又热血沸腾充满了干劲儿，迫不及待地想将脑子里的想法变成马卡龙、甜甜圈、慕斯杯、泡芙……

不到两年，徐文丽私人订制的烘焙开始小有名气，她希望有一天能有自己的品牌店。她的那本手绘食谱，在一次次的尝试和挑战中越来越厚实，已经有出版社与她洽谈，希望能将她的手绘食谱出版发行。

因为喜欢，徐文丽花尽心思，制作有趣又美味的烘焙。研究烘焙，对徐文丽来说是一种简单的快乐，制作蛋糕的每一分钟都很开心。

看似突然之间得到的烘焙技能，其实是徐文丽对"美"的长期追求——喜欢甜食，喜欢好看的东西；看似突然之间的成功，也源于她对喜爱的事物不停地探索。

当你喜欢一件事而为之着迷时，它便拥有了不可抵抗的魔力，推着你不停向前，像一种莫名的力道指引着你走向成功的方向。

《月亮与六便士》里的男主人公思特里克兰德，他前半生作为一名证券经理人，拥有可观的收入和令人羡慕的家庭。但是他在婚后的第 17 个年头，毅然决然地离开了家庭，放弃了一切。

思特里克兰德的后半生颠沛流离，时常食不果腹，但他说："我必须画画，就比如跌入水中必须挣扎一样。"

人生中，我们或许会有很多个"六便士"，但不是每个人都能抬头看见自己的"月亮"。在外人看来，思特里克兰德为了画画简直到了疯魔的状态，而于他而言只是单纯地喜欢，并且必须去做。

故事的最后，思特里克兰德在孤独中实现了灵魂的自由，也得到了世俗的认可，成为知名画家。

喜欢一件事，将时间和精力投入其中，哪怕在外人看来这些是磨难与折腾，而于你而言只是简单地想要这样去做。喜欢，然后不断尝试，沉浸在简单的开心里，你会觉着一步步走进未知，你会发现那里有自己向往的东西。

很早看的电影《头文字 D》里有这样一句话："这个世上只有一种成功，就是能够用你自己喜欢的方式度过自己的一生。"

成功有很多种定义，但是最让人敬畏的便是坚定自己的信念，终此一生为之努力。喜欢一件事，然后坚持喜欢，不轻易言弃，让喜好变成真切的日常生活，这便是一种成功。

你说你有爱慕的人，却连给 TA 送一份早餐都嫌麻烦；你说你喜欢看书，满书架的书你却从不翻阅；你说你喜欢充满挑战的生活，却总是不咸不淡地应付生活……

喜欢，不是口头上的爱慕与炫耀，而是发自内心地想要去亲近某个人，想要去达成某件事，没有任何缘由地想要把时间和精力花费在自己所喜欢的事物上。

如果你已经拥有了喜欢的东西，愿你不因他人的见解而过多地顾虑，不因是羞涩胆怯而妥协从众，愿你能用自己喜欢的方式去度过每一天。

喜欢，会让哪怕再平淡无奇的生活也充满绚丽！

发自内心的喜欢是一种强大的动力，驱动你去一步步尝试、一遍遍试验。你会乐在其中，不厌其烦。

当你愿意简单而开心地将时间和精力花费在一件事情上时，为喜欢的事而努力的每一天都是欢喜的。

喜欢，渐渐地融入到日常生活中，不去计较缘由与得失，只是开心地动手，成功也就会随之而来。

▶ 别在该努力的时候选择安逸

再次见到发小徐昕时，她留了一头不足半指长的个性短发，说话风趣幽默，做事精明干练，独自经营着一家装修公司。现在的她，完全不似小时候那样做事没主见，遇事爱哭鼻子。

我笑话徐昕简直像换了个人，她笑说："得亏了高中时大胆地剃了光头。"

徐昕长相清丽，从小给人的印象都是文文静静的。高中女生最是爱美，可突然有一天，徐昕顶着一个锃亮的光头出现在大家面前。刚开始，大家都好奇地问长问短，时间长了，班里的同学们也就不太去在意。

可对于徐昕来说，那是她第一次想要改变自己。

徐昕从小一直是胆小怕事的性格，上了高中后，她就在

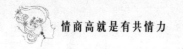

心里暗下决心，一定要做一件大胆的事。

做这件"大事"之前，徐昕担心父母会责备她，也担心同学会在背地里议论。她思前想后，好不容易才下定决心。

结果她剃了光头，父母并没有过多地责备，父亲甚至得意地夸赞她："不愧是爸爸的女儿，有个性！"同学们的议论，也并没有她想象的那么可怕。

原来，大胆地去做一件"大事"这么简单！徐昕第一次感受到：尽管自己有很多缺点，但是没什么大不了的，她可以跟自己较劲，跟自己拧巴，将自己打磨成一颗钻石。

为了改变自己遇事爱退缩的毛病，徐昕主动去关心他人，遇事积极地想对策，还激励自己竞选班长。

毕业后，徐昕在一家建筑公司做设计助理，办公室的同事看她是个娇弱的女孩子，从不要求她去工地实勘。可是不去工地，测量的精度就难以把握，可能遇到的问题也很难预估，那她参与设计的图纸更多的是纸上谈兵了。

虽然没有人要求，但徐昕告诉自己，要想做好工作，就不能躲在他人背后坐享其成。三四十摄氏度的大夏天，徐昕戴着安全帽在工地里窜来跑去，认真地勘察、做测量，一点儿也不输给与她一起工作的男同事。

建筑公司的工作很苦，但再苦的工作，徐昕都激励自己要一马当先，不能退缩。

一次恰逢年底，甲方公司迟迟不肯结款。公司建议组织工人去甲方公司进行示威，工人都没有参与过这样的活动，大家内心都有些胆怯。

可徐昕拦住了大家，劝说公司领导要派出代表团与对方谈判，因为盲目地去对方公司示威没准会适得其反。在得到领导的同意后，她参与到工人代表团里，理直气壮地与甲方公司进行谈判，最后顺利地拿到了项目款。

这事之后不久，徐昕决定自己开公司，也不再像小时候那样想做的事情思前顾后不敢动手，这次她说干就干。

独立经营一家公司，虽然问题和困难是徐昕不曾想象到的，但经历过大小困难的她有能力也有信心去应付一切。

这些年，徐昕激励自己一次次地尝试，一步步地突破，面对挑战早已有了一颗强硬如钻的心。

玉不琢，不成器。

玉石不经过一次次地打磨、一刀刀地雕刻，不能成为璀璨的钻石。我们也一样，不在困难中磨炼，不在困境中突破，也无法迎来美好的蜕变。

韩子奇在《穆斯林的葬礼》中被称为"玉王""玉魔"，但他在拥有奇珍斋之前只是个流浪的孤儿。机缘巧合之下，他在匠人玉器梁门下做了学徒。

韩子奇的玉器手艺深得师父的真传，与师父共同打造"宝船"。师父因为"宝船"不幸去世后，奇珍斋的玉器也被仇人侵占。

这时候，韩子奇理应继承师父的事业，留在奇珍斋继续靠精湛的手艺养活一家人，可他背负骂名和误解，选择了投靠仇人，忍辱负重3年，在仇人的玉器店偷学英语和生意经。

后来，韩子奇带着一身本事回到了奇珍斋，让奇珍斋在他手里享誉一时。

从对玉器一无所知的流浪儿，成长为令人敬仰的"玉王"，韩子奇走的每一步都不轻松。在可以选择停下来的时刻，他从不满足于就此止步，而是一步一步地磨砺自己，将自己变成了一颗耀眼的钻石。

诗集《沙与沫》里有这样一句优美的诗句："也许大海给贝壳下的定义是珍珠，也许时间给煤炭下的定义是钻石。"

如果未来也给我们一个定义，那必然也是光华璀璨。但是，贝壳里能产下珍珠须经历砂粒的磨砺，植物形成煤炭须承受大地的重压，我们想要光华璀璨也须经受住挑战、耐得住长途跋涉。

困难与挑战不会使我们停滞不前，让我们停下来的往往是短暂的舒适与安逸。比如，有时间便打打游戏、刷刷剧，这样的生活自然舒适，但长此以往，你会因为习惯了舒适而不愿接受任何挑战。

体会不到突破极限的痛楚，又怎么能将自己打磨得更加耀眼？所以，我们终究不能在舒适安逸里度过一生。

努力地去生活，自然比舒适的日子更让人感到痛楚，但这种痛楚是磨砺之痛，是蜕变之痛。

每个人都可以迎来自己的光华璀璨，只是你得勇敢地接受挑战与磨炼，在不断地努力中一次次突破、蜕变，然后将自己变成一颗耀眼的钻石。

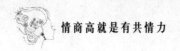

▶ 你不是一座孤岛

我们身边总有那么一个让你既羡慕又嫉妒，还让你佩服得五体投地，怎么着都想黏着他（她）的朋友。

孙靖从高中起就是大家公认的女神，不仅长相甜美，还因为经常练习舞蹈使得气质也格外出众。

孙靖从小没少听过那些酸讽的话语，但是熟悉她的人，更佩服她努力勤勉、肯吃苦！

曾经有个女生不喜欢孙靖，总说她独来独往高傲不合群。她甚至指着孙靖说，别以为长得漂亮就有什么了不起的。后来，这个女生成了孙靖的好朋友，但凡有人说孙靖"不就是长得好看"，她都是第一个站出来替孙靖争辩。

孙靖有一个不自觉的习惯，喜欢坐地板。对孙靖来说，在练习室里可以坐在地板上休息 5 分钟、10 分钟是再舒服不过的事了。因为每次临近考级或是有表演，她在练习室里一待就是十几个小时。

练习强度大的时候，孙靖所谓的休息只是坐在地板上喝口水。实在累不过，她就躺在练习室的地板上午休十来分钟，醒来喝口水接着练。

那个不喜欢孙靖的女生，也是因为一次偶然看到在练习室练习了两小时的基本动作不曾说过一个"累"字的孙靖，而彻底被孙靖折服。

若是有大型演出，排练都会很紧张。孙靖为了抓紧时间练习，曾经连着三天都只吃早饭。对孙靖来说，记动作是最痛苦的，但动作记不住怎么办？她就将一个动作来回做几百次，不用刻意在脑子里回想，她的身体也会自然地记住。

即便练习舞蹈，汗水浸湿了一件又一件的 T 恤，孙靖也觉得各种动作都很娴熟了，但是在现场表演时，还是会出现各种意想不到的状况。

一次，学校组织的大型文艺汇演恰逢下雨。孙靖的头发喷了一次性染发剂，被雨水淋湿后变成黑色液体顺着她脸颊流下来，眼睛也被弄得睁不开。尽管很难受，孙靖依旧保持好表情，尽量完美地跳完那支舞。

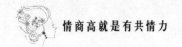

付出过艰辛的努力，才知成果来之不易。孙靖向来敬重舞台，从不轻易懈怠。

有一次好不容易得来机会，孙靖可以随团去伦敦表演莎士比亚的歌舞剧。但第一次排练，她就深受打击——连最基本的用英语与人沟通，她都感到很吃力，更不用说弄明白原著里的那些古典英语。

不懂可以学，孙靖向来对自己狠得下心。可是那些古典英语，孙靖读都读不出来，字典也是无从查起，她只好请教会读的人，将大段大段的台词录成语音。

那些录音，被孙靖奉为至宝，有事没事都会拿出来听一听。她像练习舞蹈动作一样，将台词一遍一遍地来回听，一遍一遍地跟读练习。

那段时间，孙靖既要刻苦排练，又要利用一切尽可能的时间练习台词，她感到身体和大脑都快达到极限了。她常常排练完舞蹈，身体疲乏得拖都拖不动，但依旧戴上耳机，躺在训练室的地板上跟读半小时的台词。

这样努力的孙靖，没有时间也没有心思去在意别人说她只是长得好看。因为她知道，一切美好的人和事从来不是徒有其表。

没有厚重的积淀，没有日积月累的努力，不对自己狠下心来，所谓的漂亮是经不起推敲的。

努力的人都是狠角色，他们勇敢且热衷于对自身极限的探索与挑战。

著名主持人周涛曾说，总有一些人会不断地接受挑战，因为他们终其一生都在寻找自己生命的边界。

周涛不仅是优秀的主持人，也是作家，她还曾组织过多场音乐活动。在一个领域里做到优秀已然不易，更何况是在多个领域。

想画出一幅好画，需要拿起画笔认真地涂画；想唱出一首好听的歌，需要拿起话筒大胆地歌唱；想拥有纤美的身材，需要管住嘴、迈开腿。每一次想要增加生命厚度的尝试，都需要让自己动起来，让汗水流出来。

每一次突破与跨越，都是对自身认知或极限的挑战，而这些从来不是凭空而来，需要勇气，也需要努力。

躺着自然比坐着舒服，坐着自然比站着舒服，可让自己散发能量的最佳姿势是跑起来。

真正的狠角色不仅敢想、敢拼，更能为了实现梦想付出常人所不能的努力。科比说："只要还在比赛，我就想拿下

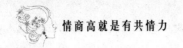

冠军，总是有人要赢的，那为什么不能是我呢？"

渴望获得更大的成就，愿意付出更多的努力，是强者不服输的倔强。

为了赢得比赛，科比付出了比别人更多的时间和汗水；陈景润证明哥德巴赫猜想时，演算的草稿纸可以装几麻袋；齐白石85岁时，还在坚持每天作画；邓亚萍因身材矮小被国家队拒绝后，她不气馁，继续苦练球技……

渴望得到更大的荣誉，就要付出比别人更多的努力，这是成为强者的必然。而你，加班就喊累，早起就说不习惯，下定决心看书却先拿出手机……

努力的人都是狠角色，如果现在的你对自己不满意，不要抱怨、不要气馁，得对自己狠下心来。

你思前想后不敢动手的时候，有人已经做好了背水一战的准备；你安慰自己做不好也没什么关系的时候，有人为了一件简单的事情已经来回练习了好几十遍；你喊累停下来休息的时候，依旧有人咬着牙继续坚持。

不是你天资不够好、运气比人差，而是越努力越幸运，越努力越优秀。努力的人都是狠角色，总能在别人停下来的时候保持前行！

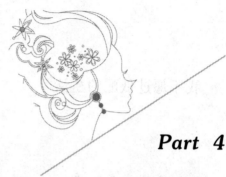

Part 4

所有失去的，
终将以另一种方式归来

不要急着成功，因为你急也急不来！
失败了的、错失过的，你还是得承认曾
经输过。但没有关系，当你有足够能力
的时候，人生还会出现很多个拐点。

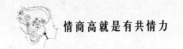

▶ 我不愿过低配的生活

当初小品里用"脑袋大，脖子粗，不是大款就是伙夫"来调侃厨师，邱瑜只是开心一笑。不曾想几年后，她从CBD走出来，放弃高薪的体面工作，脱下10厘米的高跟鞋，穿上围裙，拿着每月1800元的工资，成了一个不起眼的厨师学徒。

厨师难当，女厨师更难当。如果邱瑜以前的工作是熬夜加班"搬砖"，当厨师是真的搬砖。邱瑜是一个身高1.58米的小女生，在厨房里常常跟50斤重的面粉、一拖车的黄瓜、一推车的碗碟较劲。实在扛不动、拉不动的时候，她也只能厚着脸皮卖萌求帮忙。

我问邱瑜："你为什么做这样的选择？"

邱瑜是我表姐，以前她是个向往远方却又不敢寻求改变的人，依旧每天加班埋头整理 Excel。她曾经鼓起勇气本想打开一个梦幻的世界，却发现梦幻的云层下面是悬崖。现在，她说，一旦做了选择，要么滚回家，要么拼下去。

入行一年，经朋友介绍，邱瑜进了一家五星级西餐厅，如愿跟着餐厅里的法国大厨学艺。

厨房的工作压力大，忙起来的时候跟打仗似的，每个人都马不停蹄地运转着。厨房工作需要高度地配合才能保证高效地运转，邱瑜知道，哪怕是自己的一个小失误都可能造成厨房的混乱、客人的流失。

在这里，没人把你当成娇滴滴的小姑娘，累了、挨了骂、受了委屈，邱瑜连掉眼泪的时间都没有。

学徒时，邱瑜主刀的机会很少。现在在西餐厅的厨房里，面对血腥的食材她得硬着头皮处理；冻库里的温度，一般的女孩子都受不了，她裹上外套还是得往里闯。

出门在外打拼，本就由不得人挑三拣四，何况邱瑜心中还有梦想，她咬咬牙只能拼。

厨房对于邱瑜来说依旧是梦幻的，进来之前连黄油和奶酪都分不清的她，在这里见识了各色食材。

很难想象，在正式动刀子之前，她得背会所有餐具、厨具、食物和原材料的英文。当她第一次完成一道甜点，师父

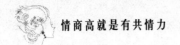

点头表示认可的时候，她高兴得回家便画了一幅自己穿着厨师服做菜的简笔画做纪念。

大多数时候，在外人看来，厨师并不是什么体面的工作，遇上大型的节日餐，厨师常常忙到没有时间概念。若是遇上挑剔的客人，那他们之前所有的精心准备都成了枉然。但是做厨师越久，邱瑜越喜欢这份职业，她把自己比喻成一个手艺人，在提升技艺的道路上只有不断深耕。

令邱瑜高兴的是，随着厨艺和知名度的提升，很多知名人士都吃过她做的菜，她也有机会参与一些美食节目。她平日里运营的美食公众号也聚集了很多粉丝，而最令她自豪的是，即将出版一本关于美食与生活的书。

作为厨师，邱瑜常常上午9点到餐厅，晚上10点才能回到家。可是作为美食爱好者，剩下的时间除了睡觉，她有好多好多喜欢并且想要做的事。

她常常熬夜到凌晨一两点，只是想让公众号的推文排版更美观一点；为了参考学习别人的菜品做法，同一个美食视频，她可以来回看数十遍；有时候为了让第二天的宴会餐更精致，凌晨四五点她就得起来工作……

当邱瑜脱下高跟鞋穿上围裙的时候，她便未曾想过再回到格子间。或许是梦想，或许是喜欢，或许是对技艺的情怀，邱瑜不想放弃就只能努力坚持，奋斗！

我将邱瑜的故事讲给朋友听，朋友听后十分惊讶，这得需要极强的自制力才能办到吧？但我想，对邱瑜而言，这并不需要多大的自制力，这是她发自内心的奋斗目标，然后理所当然地去做一件事。

笛福说过："只要我还能划水，我就不肯被淹死；只要我还能站立，我就不肯倒下。"

只要还能向前，只要还想拼搏，没有理由退缩。

往早餐店送食材的阿姨，每天早上5点开始送货，风雨无阻；楼下超市的大叔，每晚坚持到11点以后才关门；电影院里的兼职大学生，也必须接受晚上6点到第二天凌晨1点的夜班……

在你遇到难题打算放弃回家的时候，还有更多的人理所当然地坚持着；更多的人只要还可以坚持，就不管不顾地拼搏着。

诺贝尔文学奖获得者鲍勃·迪伦说："你可以随时转身，但不能一直后退。"

实现梦想的道路或许并不是一条直线，或许在某个转弯能让你更快地到达终点。但转身不是逃避，更不是退缩，只有勇往直前努力拼搏的人才能将道路越走越宽，也才能遇到更多的拐点。

李安在凭借《推手》获得导演机会之前，在家闲置的6年里不曾放弃阅读、看片、写剧本；梵·高的画享誉世界，正如大家所知，他一生执着于画自己想画的画，哪怕生前他的画并不被人欣赏；像马云、马化腾等很多成功的创业者，在创业之初都不曾被人看好，但他们有些孤注一掷地选择了坚持……

你看，大多数的成功都来自坚持与拼搏。

新的尝试、新的环境，或许会让你感到无所适从。但是我们终究会明白，埋怨、放弃、逃避并不会让自己惴惴不安的心情得到平复，唯一可以克服的办法是去适应、去拼搏。

每次改变、每份工作、每个梦想，都有它固有的规则和必须付出的努力，愿你的拼搏不遗余力，每一次离开都昂首阔步。

▶ 你的坚持，终将美好

　　生活中，我们难免会遇到苦闷难熬的时刻，这时候是什么支撑你走出困顿，继续向前的呢？唐阅说，她得感谢自己坚持了九年的书法。

　　唐阅的家境不太好，每到开学时老师催缴学费，她都会感到特别窘迫。好在她勤勉努力，成绩一向不错，父母紧巴巴地节省开支，一直供她考上了大学。

　　开学了，唐阅第一次来到大城市。她第一次乘坐地铁，逛装修奢华的商场，在足有五层的图书馆里自由地借阅图书……她对这里的一切都感到新奇和兴奋。

　　但唐阅多少也生出些自卑来。第一次乘坐地铁，她不知道如何买票进站，但庆幸自己没有闹出笑话来；陪同学逛商场，她假装不经意地看了看衣服的价格，是她一个月的生活

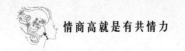

费；学校的图书馆不算很大，可她常常在里面迷路……

也正是这时候，唐阅发现了新的世界，她加入了学校的书法社。

全情投入一件事就会忘记其他。当唐阅一笔一画跟着字帖认真临摹，在一横一竖里仔细琢磨时，那些微不足道的小事引起的自卑，对她而言也变得微不足道了。

唐阅喜欢书法的世界，拿起笔，心就得静下来，心不静就写不好字。放下笔，周围都是和自己一样喜欢练字的人。哪怕一天一天钻研的不过是简单的一横一竖一撇一捺，可大家认真得像是准备某场大考。

后来，唐阅当选书法社社长，她组织大家参加活动，筹划校园书画展，向学校争取社团资源……

在擅长的事情里更容易找回自信，唐阅的大学生活很是精彩。不过，成长之路向来不是无波无澜的，总是起一阵又跌一阵。

从大四下学期到毕业后一年，唐阅辗转换了三座城市、四家公司，但工作依旧没稳定下来。她越折腾，越迷茫，既想快点稳定下来，又不甘忍受两三千元无法维持生活的收入。

那段时间的唐阅几近崩溃，一方面做什么也提不起劲儿来，什么也不想做；一方面又逼着自己像陀螺一样忙起来，漫无目的地看书，强迫自己写那些流水账似的日记。她想不明白，为什么自己明明工作很努力，却总是遇上糟心事？为什么说好永远在一起的男友会移情别恋？

最难熬的时候，唐阅也抱怨过上帝不公，也想过要不就这样自暴自弃算了。喜欢的书法，因为那些糟心事停滞了半年，等到她再次拿起毛笔时，心境已与当初大不一样。但再次提笔练字，她感受到练字时大脑还是轻松的。

那之后不久，唐阅所在公司有一个国外的工程项目，申请、考核、培训，她成功地跟随团队去了海外工作。

这是一个绝佳的学习和成长的机会，唐阅庆幸自己坚持了下来，抓住了机会。

海外工程项目的环境很恶劣，周围大多是荒地和工地，没有网络，交通也不便利。

在此期间，唐阅的身边没有亲人，更没有知心朋友，加班加到扛不住的时候，她也想过要不就此放弃吧。可提起笔、练起字，日子好像也没有那么孤寂难熬。

唐阅又一次坚持了下来。

回国后，唐阅凭着这几年做项目的经验，顺利地转到了

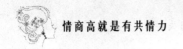

公司在国内的另一个工程项目。工作之外，唐阅拿出这几年在国外积攒下来的积蓄，正筹划开办书法培训班。

如果有一件事情，不管从什么时候开始，你一直坚持着，5年、10年并且还会一直坚持下去，甚至在窘迫、困顿的时候，有了它你会觉着日子也没那么难熬，那么这一定是上帝的恩赐。

法国电影《放牛班的春天》里有这样一句经典台词："世事不能说死，有些事情总值得尝试；永不轻言放弃，前方总有希望在等待。"

你看，美好的事情总是会到来，你为何不多坚持一会儿呢？上帝总是将希望安排在困境之后，熬过了苦难，你才会得到它的恩赐。希望是上帝赐予你的，也是你握紧绳索努力拽来的。

读过足够多的诗，在喜欢的人面前表达爱意才能信手拈来；来回翻阅复习资料足够多的次数，考试时才能游刃有余；见识过足够多的人情世故，与人交往时才懂得和善圆润。

不是上帝偏爱你，将好运逐一摆在你面前，而是希望和好运早已安放在那里，你比别人多尝试一些，多走一步，多坚持一下，便能看见了。

若是你总坚持做具有挑战性的事情，或许每一天你都觉着艰难，可当某一天回过头来看，那些解决过的问题、克服过的难题就显得轻而易举了。

周国平说："懦弱：懦则弱。顽强：顽则强。那么，别害怕，坚持住，你会发现自己是个强者。"

急着说放弃，或许你永远都不能知道自己会有怎样的潜能。

你长期坚持做的一件小事，或许有一天会在你生命中起到至关重要的作用。就好比你开车时系的安全带，你常年系着觉着它无用，可当事故发生时它可保命。

这是坚持的力量，你感谢上帝救了你的性命，感谢上帝赐予了你力量，你更应该感谢自己没有松懈，一直坚持着。

坚持的意义，或许在于伸长手臂便能握住上帝的希望之手，多走一步，就会有不一样的光景。

如果你不放弃，就会发现上帝向来是公平的，它给了别人机会和好运，同样也为你预留了希望。你多尝试一下，多坚持一会儿，多付出一点儿，就会发现上帝为你预留的道路也是光辉灿烂的。

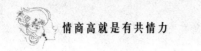

▶ 共情的力量：你比想象中更优秀

书怡第一天到单位报到，就遇上了从小跟她不对盘的堂姐。一遇上堂姐，书怡就像一只准备发起攻击的斗鸡。

那天，搬着厚重资料的书怡，老远看到了堂姐，她特意将工牌拿到胸前显眼的位置。哪怕书怡心里犯虚，她也想象自己是一只鼓起来的气球要在堂姐面前膨胀一回。还没等书怡开口"膨胀"，堂姐送来了她最爱吃的马卡龙。

两人吃着甜点，说起小时候的事，相视一笑，才意识到她们都已经长大了。

堂姐不仅长得漂亮，人也聪明，从小文静懂事，还特别会照顾人。老师、家长、同学都很喜欢堂姐，可书怡不喜欢，有这样的堂姐令她很头疼。

在堂姐强大的光环下，书怡做什么都会显得黯然失色，什么都不做那更会招来数落。从小羡慕嫉妒堂姐的书怡，最后暗下决心，一定要让堂姐用崇拜的眼光也羡慕她一回。

小学三年级，书怡吵着学二胡，不到半年她厚着脸皮在亲戚面前演奏，结果用力过猛拉断了琴弦；上高一时，书怡爱上了阅读小说，立志要出书，不过当时堂姐的小作文早在市里获了奖；堂姐考上了北京的重点大学，书怡下定决心非重点不上，最终只考上了本省的普通大学。

书怡暗地里跟堂姐较着劲儿，可偏偏处处败落。拿到大学通知书的那天，书怡哭得稀里哗啦，她懊恼自己总是处处不如人。

没想到亲戚朋友们反而夸赞她："你虽没有你堂姐那样聪明样样拔尖，但你也很优秀啊！"

妈妈感叹，书怡从小对音乐就不敏感，偏偏吵着学二胡，这锯木头似的二胡一拉就是 8 年。书怡妈本想书怡学个小半年也就放弃了，竟没想书怡学着学着也有了些模样，坎坎坷坷地考到了 9 级。

朋友们起初笑话书怡的作家梦，书怡不管不顾地写着自己想写的小说。直到有一天朋友惊奇地发现，某小说网站上那本正在更新的小说作者正是书怡。

从小拿起书本就犯困的书怡，高三那年的努力和坚持，

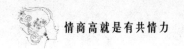

父母也是看在眼里的。模拟考前的小复习，书怡能将历史课本里的重点知识来回背上三遍，错题本也翻得破旧不堪。

妈妈安慰书怡说："你就像一只蜗牛，蜗牛虽然又小、又慢、长得不好看，但能登上金字塔的动物只有两种，一种是鹰，一种是蜗牛。"

上大学后，书怡不再跟谁较劲儿，而是像蜗牛那样在自己的道路上坚定地缓缓前行。大一时，她报名校刊的记者，一干就是四年，征稿、采访、撰稿、外联、宣传……渐渐地，她能独当一面处理校刊的大小事宜。

书怡依旧坚持写自己的小说，虽然经验不足、文笔不够流畅，她写的小说没少受到诟病，但是断断续续地，她的第一本小说也在网站上顺利地完结了。

书怡学的是经济管理专业，可在大学期间不断地写作、投稿，毕业时积累了足够的文字，受到了不少出版公司的青睐。当她如愿以一名编辑实习生进入知名的传媒集团时，又与学习播音传媒的堂姐遇上了。

在自己的道路上坚定地行走，没有比谁慢，也没有比谁快，有目标、有梦想，那么能飞的和能爬的一样会成功。

观看节目《朗读者》时，第一次听到斯那定珠的名字。

有人说他是现代版的"愚公"，有人说他因为一条路从千万富翁到"亿万负翁"，我更佩服他 10 年的坚持。

斯那定珠的家乡叫巴拉村，这个村庄在峡谷深处，从村里走到香格里拉的县城足足需要 5 天。

13 岁的斯那定珠独自走出大山峡谷，卖过苦力，做过木材加工厂工人。从倒卖到代理批发，他开办了迪庆州的第一家五金机械门市部和第一家火锅城，成了家乡的致富能手。

斯那定珠的家乡位置闭塞，没有良好的教育资源，甚至没有路，也没有电。但这并不妨碍斯那定珠通过自己的努力取得常人所不能企及的成就。

正如斯那定珠所说："想做的事情，就用生命去做好。"

你可以没有天赋，可以没有客观的优势，但你一定得坚持，得用尽生命的力量一步一步往前爬。

懂得坚持的人，往往比拥有天赋的人更懂得坚持梦想的可贵。

斯那定珠想修一条路，一条可以把外面的世界与巴拉村接通的路。当他 35 岁决定自己出资修这条路时，首先遭到村民的反对；其次要从悬崖峭壁上硬生生修出一条公路来，

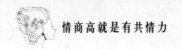

在当时几乎是不可能的。

几近是绝路，可斯那定珠一步步硬是走出了一条路。他亲自测量，摸索修路技巧，设计多处弯道，2004 年盘山公路终于开工了。

但公路修到一半没钱了。斯那定珠变卖了经营多年的火锅城和门市部，他甚至借钱、贷款也坚持要把这条路修到家门口。路通了，电通了，网也通了，村里的年轻人也愿意回到家乡发展，巴拉格宗也从此被世人所熟知。自此，地图上才有了香格里拉大峡谷深处巴拉村的标示。

斯那定珠的故事让很多人感动，他为自己的一句承诺，不断追逐，不曾放弃，一步步实现梦想，创造了一个传奇。

一位普通的康巴汉子，用自己的脊梁、坚定的意志、非凡的坚持创造了不平凡的奇迹。

马丁·路德·金有这样一句话："如果你不能飞，那就奔跑；如果你不能奔跑，那就行走；如果你不能行走，那就爬行。无论你做什么，都要保持前行的方向。"

你可以没有过人的天赋，没有优渥的成长环境，没有令人欣羡的机敏，但是只要还能爬行，就要保持向前的方向。因为能爬的和能飞的一样会成功。

▶ 生命是一场共情的旅行

不知道你的父母曾经为你哭过几回？

曾凡是个叛逆的女孩子，高中起就没少惹父母伤心流泪。那时，曾凡是老师最头痛的学生，她上课从不认真听讲，扰乱课堂秩序是常有的事。

高二时，曾凡又一次跟其他年级的女生打架，连同父母一起被请到教务处受训。处罚结果是她被记大过，严重警告并留校察看。若她再犯，就等着被劝退了。

妈妈拉着曾凡的手，几近哀求地哭着劝她，顺顺利利地读完高中，千万不能再惹祸。

紧接着的高三，曾凡果真没再惹出大祸来。其他学生夜以继日地备战高考，她依旧在学校有一天是一天地混着。

父母虽说对曾凡的高考没有太大指望，但成绩出来的那一天，一家人捏着汗，着实紧张了起来。

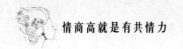

曾凡全然不在意高考成绩，总归，她不想再继续读书了。父母多少有些惋惜，妈妈更是替她急得掉眼泪，300多分怕是上不了什么像样的学校。

曾凡不顾父母的意见，高考之后没多久进了同学介绍的一家食品加工厂。进厂培训了一天，她就正式上岗了，工作很简单，就是给包装盒贴标签。

工作第一天，曾凡站得腰酸背痛，眼睛也酸疼发胀。她出去喝了口水的工夫，操作台上就堆积了几十个包装盒。好不容易熬到中午吃饭，结果她去晚了只剩下白饭。从前觉着自己天不怕地不怕的曾凡，却被这一天的景象愁倒了。

每天晚上，曾凡躺在6人间生满铁锈的高低床上左思右想，抓破脑袋地思考怎样逃脱这样的生活。不到一个星期，她打电话异常坚决地告诉妈妈她想上大学。

电话挂断的时候，妈妈哭着嘱咐她，以后一定要好好学。

复读对于曾凡来说并不轻松，同班同学里好多跟她从前一样不爱学习，学习氛围不好，教室里常常乱哄哄的，自习时间老师也不愿在教室里多待。在这样的班级里，真心想努力学习通过高考逆风而上的人没几个。

幡然醒悟过后的曾凡，觉得不能任由自己就这样随波逐流，再次沦陷。

曾凡自作主张将课桌搬到了讲台旁，除了上课，其他时间她没日没夜地插着耳机埋头刷题。其他科目还好，可当时从高二起，曾凡的数学课本就没有翻开过几回，好多题她压根儿看不懂。

曾凡抓住机会就去请教老师，一次晚自习，她将积攒了一个星期的错题，拉着数学老师足足问了两节课。

都说皇天不负苦心人，可一个月后的模拟考试，曾凡还是考了全班倒数几名。

明白前方的路还有多远，曾凡没有了退路，只能对自己更狠。别人放假，她在刷题；别人睡觉，她还在刷题；哪怕是过年，她也依旧在刷题。

下了晚自习回到家，曾凡将自己关在房间里继续做测试卷，做完一套试卷常常发现已经凌晨一两点钟了。最后，当曾凡如愿拿到大学录取通知书的时候，妈妈又哭了，唯独这次是高兴的。

曾凡复读一年的错题本积攒了有十来本，她用盒子收藏了起来，并在盒子上写下这几个字：看得见远方，追得上路人！

艾米莉·狄金森曾写有这样一首诗：假如我没有见过太阳，我也许会忍受黑暗；可如今，太阳把我的寂寞照耀得更加荒凉。

电影《风雨哈佛路》里，有这样的场景：老师告诉丽丝，她因成绩排名第一有机会去波士顿旅行。丽丝不敢相信，她说："我还以为我是个渣滓呢！"当老师告诉她，她可以考虑上大学时，她又问："大学是什么样子？"

丽丝站在哈佛的校园里，感受着辉煌的教学楼、欢快轻松的音乐、清澈的钟声，这是青春而自由的校园。当老师问丽丝："这是你想象中的大学吗？"丽丝说："更好，无法接受的好。"

也许你不敢梦想，可有时候未来比你梦想的还要好！

我们伸长了触须去触碰生命的边界，若只看到眼前的方寸之地，那高考可以把你压垮，父母的一次争吵可以把你击溃，稍稍的一点儿美好便可让你迷惑其中。

我们更应该抬起头来，让触须触碰得更远，触碰到更多方向，才会发现有更多美好在前方等着我们。

在地铁里一边复习功课的丽丝，一边告诉自己：我想去哈佛读最好的书。她需要奖学金，她寻找可以实现梦想的机会。当机会出现时，她拼尽全力地抓住了。

丽丝接受采访时，有记者问她："在地铁里睡觉，吃丢弃的食物，你为你的过去感到难过吗？"丽丝说："这是我生命的一部分。"

当故事接近尾声，丽丝说这是她的故事，她必须让它燃烧、平息，她才能向前走。

如果我们总是将目光聚焦在某一时的困难、某一刻的不堪回首，或者某一段的念念不忘，那么，我们很可能会一叶障目，看不见其他任何东西。

俗话说，一切向前看。看得见远方，才会更明白眼前的困境在未来或许是美好的。

最后，把汪国真《热爱生命》里的这段话送给大家：我不去想是否能够成功，既然选择了远方，便只顾风雨兼程；我不去想身后会不会袭来寒风冷雨，既然目标是地平线，留给世界的只能是背影。

愿你看得见远方、追得上路人。

▶ 所有失去的，终将以另一种方式归来

第一次见到江阿姨时，她在商场里赠送康乃馨并邀人关注她花店的公众号。

我被好看的康乃馨吸引，忍不住跟江阿姨攀谈起来，这才知道她在附近有一家花店，商场里人来人往的，她便想出这个主意来宣传她的花店。

江阿姨时常在公众号里推送一些好玩的花语和实用的插花技巧，有时候也会推送她店铺的促销活动。她还在花店里特意腾出来一张桌子，专门用来给那些熟识的常客进行插花练习。

江阿姨从早到晚总是忙忙碌碌的，喜欢拉着年轻人学一些新鲜好玩的事物，她还总能从中发现商机。我十分羡慕江阿姨的生活状态，常想自己在 40 岁的时候怕是不能像江阿姨这般将生活过得有滋有味、热气腾腾。

与江阿姨熟悉之后，才知道她早些年过得并不顺遂。

40 岁时，江阿姨选择了离婚。前夫把居住了近 20 年的房子留给了她，除此之外，江阿姨孑然一身，一无所有。

人都说，少年夫妻老来伴。江阿姨前半辈子围着家庭转，相夫教子，偏偏人到中年，她不顾亲朋好友的劝阻与丈夫离了婚。

要说江阿姨的前夫有多大过错，却也并没有。江阿姨的前夫只是为人固执，有些大男子主义，做事喜欢一板一眼，与江阿姨跳脱的性子合不来。近 20 年的婚姻生活里，夫妻俩争吵不断，吵着吵着便只剩下将就着过日子了。没有经济来源的江阿姨处处隐忍、处处受限。

离婚之前，江阿姨也曾仔细考虑过离婚会给自己带来怎样的后果。这个年纪的人需要重新进入社会谋求一份收入，搞不好怕是连自己也养活不了；亲戚朋友大多不能理解她，她少不了要受些酸讽话语。还好，孩子已经大了。

对于江阿姨来说，那时候她生病了都是自己照看自己，婚姻只是人生的一种退路，好不到哪里去，却也不能再坏下去。活到 40 岁，江阿姨看透了这段婚姻，在丈夫眼里，洗衣、做饭、搞卫生这样的家务都是不值一提的小事。

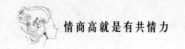

江阿姨是个爽利性子，既然下定决心认认真真地做回自己，她便断了自己的后路，与前夫离了婚。

我问江阿姨后悔过没有？她说不曾后悔，但是怕过。

江阿姨尝试过很多工作，厚着脸皮跑过保险，在童装店卖过服装，实在找不到工作的时候也做过商场保洁员。可这些都没能持久，不是她吃不了苦，只是这不是她想要的生活。

用江阿姨的话说，窝窝囊囊活了 20 年，她就想凭自己的本事好好生活，不用看谁的脸色，也不用受谁的气。她已经 40 岁了，她不怕吃苦受累，但她怕日子一天天混过去，她怕来不及。

20 岁时，江阿姨就想开一家花店。20 年过去了，这个想法依旧在她脑子里萦绕。

为了学插花，江阿姨一个人跑到广州，花光了所有的积蓄。回来后，她孤注一掷地将房子抵押贷款开了这家花店。刚开始的时候，花店生意不好，江阿姨什么都学、什么都做，跑花鸟市场，扎花，扎花车，跑外送……

最初的一年，江阿姨每天 5 点起床，忙到晚上 9 点，一年休息不到 10 天。遇到情人节、母亲节等节日，忙到凌晨两三点也是常有的事。

江阿姨常常劝诫年轻人，无路可走没有退路的时候，得回到原点，找到初心努力坚持下去，就有了出路。

"不留后路""别无选择"，这些往往是令人讨厌的字眼。没有后路，似乎是将身体里的安全感剥离出来放在手心，握不住就一无所有。

热播电视剧《知否知否，应是绿肥红瘦》里，小公爷的母亲向盛家提亲被拒，小公爷来找明兰。明兰拒而不见，却偷偷红了眼。明兰的丫鬟看着心疼，劝解她，反正此时老太太还没有答应顾家，不妨……

明兰虽是伤心，却决然地说："永远别向后看。"

睿智通透的明兰明白，不能往后看，不能留着后路犹犹豫豫。

后来，小公爷和明兰都有了自己的归宿。小公爷却一直放不下过往的情意，明兰劝解他说，若是一直往回看，这日子就没法过了。

一个人总是要往前看的，做任何事不能总是这样想：就算失败了，我还可以……

若是抱着失败了就一无所有的决心，若是明白错过了就回不了头的道理，我们会更加懂得珍惜眼前的每一个机

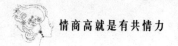

会，认真过好眼下的每一天，才能在山重水复处找出一条新路来。

记得《云中歌》里有一句台词："每次的无路可走，也许只是老天为了让你发现另一条路，只是老天想赐给你意想不到的景色，所以一定要坚持登到山顶。"

不到绝境，我们可能永远不知道自己的潜能有多大，能走多远。不懂坚持，我们可能永远登不上山顶，见不到绝境后面的生机。

回想你记忆中曾经无路可走孤注一掷的时刻，某次考试、某次面试、某次费尽心力地去做一件事……你是否会有这样的体会：真没想到我可以做到。

那样努力，那样坚持，又怎么会做不到呢？

没了后路，把它当成一次考验，熬过去就是新的开始。不怕没有后路，只怕你没有坚持走下去的勇气。

人生需要很多 plan B，你才能从容面对未知和始料未及。但你需要懂得，如果可以，我们愿意永远只执行 plan A。

你难免会走到无路可走、没有后路的时候，那就往前看，坚持走下去。努力到一定程度，坚持到一定时候，脚下的新路也就清晰可见了。

▶ 拥有共情力，人生不费力

贺文在猎头公司实习的时候，经常有学弟学妹问她：什么行业比较吃香？他们的专业适合找怎样的工作？

几年后，贺文从猎头行业出来，成了连锁商超的老板，依旧有人问她：什么行业容易就业？怎样找到合适的工作？

刚毕业时的贺文或许会自信地告诉他们，得思考自己擅长的事，从事有专业优势的工作。几年后，贺文也逼着自己想自己适合做什么，怎样找到自己愿意拼搏的事业。

现在，面对同样的问题，贺文有不一样的答案。

重新回答这个问题，贺文或许会说，不用急着去找可以从事终生的职业，也不用急着去做能发财挣钱的工作——在没有答案的时候，不妨多尝试；在没有选择的时候，不妨将能做的事情做到极致。

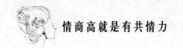

　　贺文从来没有想过，自己会回家接管父亲留下的小超市，并且在两年里将不到 50 平方米的小超市开到了多个乡镇连锁。

　　在得知父亲生病的消息之前，贺文在北京一家猎头公司做了三年的职业顾问。她工作能力突出，业绩表现优异，正巧经理有事要离职，老板有意暗示贺文将来可以接替经理的位置。此时，贺文雄心壮志的职业规划，被父亲生病的消息彻底打乱。

　　作为家里的独女，为了方便照顾得了重病的父亲和思虑过多积劳成疾的母亲，贺文不得不辞掉北京的工作，回到家乡。回家后的贺文，投了几份简历，最后选择了一份离家较近的人资工作。很长一段时间里，每天她开车三个多小时往返父亲所在的医院、家里和工作单位。

　　兼顾工作和家人，每天往返三个地方，贺文从没抱怨过。只是渐渐地，她陷入了迷茫，从前十分在意并引以为傲的事业，现在似乎变得无足轻重。哪怕升职加薪的机会摆在眼前，哪怕可以选择令人羡慕的工作，眼下，贺文更愿意将生活的重心放在陪伴家人上。

　　父亲的病情转危，贺文果断辞掉工作回家。不久后父亲离世了，这对贺文的影响很大。

她开始认真地思考自己适合做什么、愿意做什么。她不想再回到北京，更不愿随便找份安稳的人资工作。

有些事情想不明白，做着做着也就清晰了。贺文没想清楚自己的职业规划，但是她知道人不能就这样闲着，便开始帮着母亲打理父亲留下的小超市。

贺文本以为自己可以做的不过是搬搬货、整理货品之类的活儿，可真正投入其中才发现，自己可以做的事情有很多。

超市里没有收银系统，母亲需要在每件商品上打上价格标签。贺文想，她可以帮忙装好收银系统、门禁、监控，不仅能提高效率，也可以减轻母亲的工作。

母亲进货全凭主观印象，什么好卖什么不好卖，都靠脑子记。贺文想到可以借助进销存软件帮助她做决策，什么时候采购什么货品，促销什么货品；也方便她查看数据，每个月的销量、进项各种数据都可以一目了然。

贺文还发现，好些离市区不远的乡镇并没有规模较大的超市，小商铺进货价格贵，卖价也不便宜，商品质量和售后没法保证。她想，如果将超市开到这些乡镇就好了，只是大规模地筹办超市需要大笔资金。

贺文没有足够的资金，但是有想要做的事情，怎么能轻

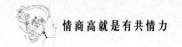

易放弃？她有头脑、有计划，还有可以借鉴的超市筹建方案——找人合资。她又开始准备材料，找朋友介绍资源，物色合适的合伙人。

一旦开始着手某件事，贺文发现可以做的事越来越多，想做的事越来越多，能做的事也越来越多。

读什么样的专业，找什么样的工作，甚至与什么样的人谈恋爱结婚，我们总希望一步到位，怕走错半步而后悔莫及。其实，人生并没有走错的路，你走过的每一步都恰如其分。

丁远峙在《方与圆》中这样描述："人走错一步也远胜于原地不动。你行动了，即使走错，你的成功辅助机器也会帮你矫正，最终引导你走向正确的方向。"

在不确定的时候，你不要假装明确，也不要害怕走弯路，你只须行动起来。若因害怕失败而不去尝试、不去行动，困在原地就连希望也看不到了。

总归得尝试过，你才知道鱼香肉丝里有没有鱼、牛肉汤里有没有牛肉、狮子头里有没有狮子。也总归得尝试过，你才知道自己擅长什么、喜欢什么，才懂得怎样将自己的昂扬斗志化作实实在在的力量。

"有些人之所以不断成长，就绝对是有一种坚持下去的力量。好读书，肯下功夫，不仅读，还做笔记。人要成长，必有原因，背后的努力与积累一定数倍于普通人。"杨绛也曾这样说。

不管哪个时代，面对怎样的环境，关键还在于自己的想法和做法。

你若努力拼搏，即便是激流险滩也会勇往直前；你若不思进取，即便康庄坦途也寸步难行。愿意坚持、懂得努力的人，不一定走得比别人快、比别人顺畅，但是于自己而言，坚持的过程中你在不断成长。成长的力量犹如新生的芽儿，可以破土长成参天大树，那是不可限量的新生力量。

路是一步一步走出来的，知识是不断地学习吸收来的，财富也是一点一点积累起来的。你若原地踏步，时代进步得越快，你也就落后得越远。

什么都不确定，才会有更多方向；不确定的时代，用心打磨自己才会有更多可能。

一事无成的人，并不是那些走过很多错路的人，而是那些从未迈出过步子的人。想要有所成就，想要凭借自己的力量去改变，你需要找到自己的方向，然后努力坚持下去。

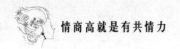

▶ 愿你，被这个世界温柔以待

中专毕业后，张晓云进了一家服装加工厂，从剪线头的工人做到流水线工人。机械的工作怎么能困住一颗青春烂漫的少女心，在工厂工作了一年后，张晓云更加坚定了辞职的想法。

离职后，张晓云并没有太多的选择，爸爸托人给她找了一份做理发店学徒的工作。她不喜欢也不愿意做，她心里藏着一个设计梦——她不顾爸爸的反对，揣着仅有的 2000 元钱，一个人去了深圳。

初到深圳，张晓云做过淘宝客服、商场导购、酒店前台，但从小爱画画的她，有一个设计梦。对于农村姑娘来说，张晓云以前想画画只能是个念想，但现在她想做设计，她就硬生生地给自己创造出了一个起点。

张晓云做淘宝客服时，老板很赏识她，因为她总是能加班加点地兼职做图片处理、店面形象更新这些美工的活儿。初生牛犊不怕虎，张晓云拿着自己装扮的淘宝店面，四处投简历，她想正儿八经地从事美工设计工作。

几经波折，值得高兴的是，张晓云成功入职一家小型创业公司，专职做公司网站的美工设计。

除了之前淘宝网店的美工设计工作经历，张晓云对网站其他的美工设计知之甚少，她有太多不清楚、不了解的事，工作无从下手。她只好扛着压力，硬着头皮，在网上搜索和学习各种网站怎么设计、怎么排版、怎么找灵感。

对张晓云来说，这些都是问题。没有现存的知识和技巧，她就反反复复地设计，反反复复地练习。

对于一个有所坚持的人来说，只要有机会，哪怕是磕破头、摔断腿，也会毫不松手地牢牢抓住。

PS 不熟练，张晓云就接兼职，将接手的每一份设计工作尽可能做到最好，PS 工具她也越用越熟练；没有灵感，张晓云就留意身边的每一处广告，比如路边的宣传单、公交广告牌、图书封面等，这些都是她的灵感来源。

公司的总监要求高，张晓云在设计上也从不打折扣，一定做到让同事满意，自己也满意。

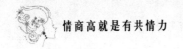

张晓云知道自己的起点低，那她就花费更多的时间和精力去做。时间不够，她就熬夜加班；精力不够，她就抓紧在坐公交车、地铁的零散时间里养精蓄锐。

俗话说，越努力，越幸运。张晓云觉得自己就是那个无比幸运的人——她练习设计时为自己做的一份简历被一家大型软件公司看到了，因此邀她去面试。

那家公司在杭州，张晓云没有一丝犹豫，坐上高铁赶了1300多公里的路去面试。只要有机会，她都会拼尽全力地走下去。

因为学历不高，张晓云被面试官额外要求设计一组 APP 图标。这又是她不懂的领域，没有别的法子，她只能梗着脖子死啃。她花了一个星期找资料，连续熬了两个通宵设计出的一套 APP icon，使她在一众面试者中脱颖而出。

对 UI 设计没有半点常识，张晓云不懂字体，不了解尺寸大小，更不清楚 UI 规范。入职后的她，依旧与工作磨合得十分艰难。熬夜学习，兼职练习，高强度的工作生活又成了张晓云的常态。

当张晓云设计的 APP 成功上架时，她也因吃不消长期的高强度工作生了一场大病。等她大病初愈已经是半年后，工作早就辞了。

再次出发，张晓云对未来有了清晰的规划。凭着之前的设计经验和作品，她不难找到一份 UI 设计工作，可若想走得更远、更长久，在下一个拐点和机遇来到时稳稳地抓住，她知道自己还需要继续努力。

不爱看书的张晓云决定参加自考。后来，她很感激自考的那段经历使自己养成了每天坚持看书的好习惯——6 点起床读记英语，8 点到 18 点正常上班，20 点到 22 点是她雷打不动的学习时间。

张晓云不再像以往那样没日没夜地加班，努力的经历让她养成了好的工作和学习习惯，也让她获得了更多的自律和自由。

张晓云凭着爱好，走上了自己喜欢的设计之路。几年里，她因为高强度的工作生过大病，因为学历不高错失过很多机会，但是她依旧继续努力着，因为她坚信：输了起点，还有拐点。

或许，我们会因为起点的不同而有所差异，但是人生的奇妙便在于，起点只是起点，未来的每一天都有更多的

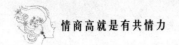

可能。

毕淑敏说："成功并不像想象的那样难。因为我们不敢做，它才变得难起来。"

新的开始、新的转机并不像我们想象的那么难，若我们不愿尝试、不愿坚持，最坏的不是输在了起跑线，而是放弃了未来的可能和人生的拐点。

比如，因为身体肥胖，不敢参加喜欢的运动，那减肥会变得更难；因为英语底子差，不敢张口说英语，那你的英语水平也很难提高；因为牙齿不够整齐，不敢肆意地放声大笑，你也就很难懂得笑容的魅力。

很多时候，我们并不是输在能力上，而是输在勇气上。不要因为起点低，而输掉了人生的更多可能。

收拾书柜，我发现了一份 2015 年出版的《新京报》，新春贺词里这样写道："今天所有的混乱与芜杂、努力与精进，都将在进步中变得更加清晰。"

不要纠结于无法改变的劣势，不要沉浸于已然错失的机会，不要因慢了一步就质疑自己的努力。或许你失了先机、输了起点，但是当你经过努力达到人生拐点时，目标和希望也会变得更加清晰，运气也就随之而来。

当你还是一棵小苗时，被一片大树遮住了阳光，你只管努力汲取养分，努力生长。当你经过努力足够触碰到阳光时，会清晰地感受到风，感受到蓝天。

重要的是保持成长与进步，当机会再次来临时，你能有足够的自信、能力去迎接它、实现它。

很多起点是我们无法决定的，比如高矮美丑；有些起点是我们已然错过的，比如年华岁月。但是，人生还有很多的不确定，比如明天和未来。

输了起点，还有拐点。

不要放弃对成功的渴望，坚持对梦想的向往。敢于尝试，才有机会成功；学会坚持，才会遇见更加完美的自己。

Part 5

在多情的世界里
深情地活着

嘴角上扬，露出洁白的牙齿，请记住这个动作。这是你对抗悲伤与困难最有力的武器，也是你面对善良与美好最温暖的回答。

➤ 你笑起来真好看，像春天的花儿一样

无意间发现，隔壁公司的张大姐在漆黑的楼道里哭出了声，我犹豫着要不要悄悄地走掉。最后，看到平日里最是讲究得体的张大姐眼泪鼻涕一大把的模样，我还是没忍住好奇，拿了纸巾上前递给她。

张大姐是一家小型创业公司的老总，听人说她早些年创业经历颇为坎坷，猜想现在大概是公司出了什么状况。我本想安慰她几句，聊过才知道原来是一场乌龙。

张大姐给人的印象率直爽快，是一个生活丰富、性格乐观的人。她发的朋友圈消息给人的感觉也是愉悦的，不管何时见她都是一副精神饱满的状态。

那天张大姐说，前段时间，医生告知她有极大的概率患了癌症。

　　张大姐已经做好了瞒着老公、孩子和母亲，自己偷偷去医院确诊化疗的打算。理由她都编得像模像样，若是身体瘦弱了就说工作压力大；若是因为化疗头发白了、掉了，就哄骗老公说她人到中年，让老公莫要嫌弃她。

　　张大姐在心里规划好了所有的安排，希望留给家人的时间是快乐的，也希望别人记住她的笑脸。她照常工作，照常跟朋友们喝咖啡开玩笑，照常回家照看一家人，剩下的病痛和恐惧她打算独自承担。

　　好在这一切不过是老天跟她开的一个玩笑，得知是一次误诊，30多岁的张大姐竟躲在楼道里开心得哭出了声。

　　我佩服张大姐的乐观心态，深聊之后才知道她曾经有过更艰难的时刻。

　　张大姐的父亲经常酗酒、赌博。在她15岁那年，一直忍气吞声的母亲跟父亲闹离婚，却遭到父亲的毒打。母亲被逼无奈离家出走，留下她和父亲一起生活，可父亲对她从来不管不问。

　　张大姐时常一个人躲在学校宿舍的楼顶天台上，当风迎面吹来，她也想过要不就这样跳下去。

　　那天，她又站在天台上，一切都很美好——晚饭好吃，学习愉悦，微风和煦，夕阳也美，美好到她想就在今天结束一切。

这时，刚好有两个女同学出现在天台的另一边，她们穿着白色的校服，开心地打闹。张大姐突然觉着，如果她从这里跳下去，会对不起这两个开心的姑娘，也对不起自己美好的年纪。

自那以后，张大姐面对困境的时候，总是告诉自己要笑着面对——曾经有两个女同学开心的笑容拯救了她，她明白笑容能给自己以及他人带来怎样的力量。

后来，张大姐创办公司，遇到过合伙人退股，有过辛苦一年在年底却开不出员工工资的时候。但越是这种时候，她越会告诉自己每天要穿戴整洁，开开心心地努力工作。

那段时间，她焦急地计划着要卖掉名下的房产筹钱先补发员工的工资。但在相信她的伙伴、一起奋斗的同事和那些背叛她的人面前，张大姐依旧是笑脸如风、无所不能，一副值得依靠的模样。

一个人的垮掉，总是从自己的内心开始。越是艰难的时刻，越是要对自己笑、对他人笑、对困难笑。

电视剧《大江大河》中，有一集的剧情是宋运萍不幸难

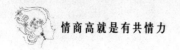

产过世。

宋运辉在家没待几天，一个人到了工作的城市，把自己关在房间里伤心难过。水主任本想多放他几天假，好让他回家陪陪父母。

宋运辉说，父母和他在对方面前会各自压抑难过，都怕对方太过伤心。

这个场景不知道触动了多少人的眼泪，我们越在亲近的人面前越是会说"我很好"，哪怕过得艰难，也会笑着说："你们也要好好的。"

雷东宝伤心得哭伤了嗓子，窝在家里不吃不喝。他带着满心的歉疚来到宋运萍父母家，他就坐在那里，看着丈母娘帮他洗晒身上脱下来的脏衣服，老丈人在准备饭菜。

饭菜上了桌，他们什么也没说，只让雷东宝多吃饭，好好睡觉，有时间多来看看他们。

一切都很生活化，还是往常的样子。

他们不难过吗？他们的伤心不比雷东宝少，可是在艰难面前总要有人先站起来笑对生活，用乐观的状态告诉仍深陷其中的人：生活还可以回到往常的状态，一切都会过去。

"微笑，哪怕是在地狱里，也是盛开的莲花。"这句话，柔美却很有力量。

微笑是一种表情，也是一种精神状态。

嘴角上扬，轻轻露出门牙，笑是如此简单的动作。可是在厌恶、害怕、恐惧、未知面前，依旧想保持这样的动作，需要一颗强大而坚韧的心。

在开心的时候笑，是理所当然；在讨厌的人面前笑，是一种无声的宣示；在艰难面前笑，是告诉所有人你不会倒下。

懂得在艰难面前保持微笑的人，不会因为眼前的一点儿不顺心而抱怨生活，不会被未知和困境吓倒，哪怕身处地狱也让人看到希望。

学会在困顿难熬的时候笑，使自己修炼一颗强大的内心，不管怎样的境遇也不能将自己的内心击溃，不管怎样的环境也能学会开心乐观地面对生活。

再艰难也要笑给别人看。

对于爱着你的人来说，你的笑容是对他们最大的安慰；对于讨厌你的人来说，你的笑容是刺痛他们的芒刺。

▶ 生命中最美好的事儿都是"免费"的

看到路边鲜艳的野花，阿萱直嚷嚷着好看。她将野花摘了回去仔细研究插花，把它们风干了做成漂亮的植物标本，她总能发现那些被生活隐藏的美好。

这首音乐很好听，那个作家新出的书值得一看，哪个街角的奶茶店值得一尝，哪里卖的香薰最正宗……跟阿萱在一起，总能听见她叽叽喳喳地分享那些有趣的事情。

我们在为生活焦虑时，阿萱却出其不意地做着她喜欢的事。

大四，大家忙着规划未来，阿萱却报名了学校的街舞社。大家忙着考研、找工作，连睡觉都在焦虑，阿萱每天准时准点地去街舞社练习跳舞。

几年后的同学聚会，大家说起阿萱，还记得她在毕业前最后一次聚会上表演的舞蹈。

　　毕业后，大家带着对美好未来的规划，去往了各自向往的城市。阿萱报考了孔子学院的志愿者，最后如愿以偿地前往泰国教习汉语。

　　在泰国这一年，阿萱的生活缤纷多彩。她教学生拼读汉语、学习中国的剪纸，也拉着学生教她泰语。她带着学生包饺子、做汤圆，也会不时向学生请教当地的美食。

　　只要有时间，阿萱便喜欢四处逛逛，大皇宫、玉佛寺、沙美岛，泰国的知名景点她都会去体验一下。骑大象，穿筒裙，买当地人爱买的东西，吃当地人爱吃的美食，尽管人生地不熟，阿萱竟把"异国他乡"过成了"土生土长"。

　　阿萱从泰国回来的时候，大包小包为大家带了不少好玩的物件。

　　毕业一年了，阿萱的大学同学大多在各自的城市稳定下来，对于未来，大家都有着清晰的规划。

　　回国后的阿萱得从头开始，朋友建议她先在家乡稳定下来。可阿萱心里又生出了新的想法，她报名参加了支教项目，打算去往山村支教一年。

　　支教的学校生活条件很有限，日常的吃、穿、用自然不及城市里方便，但阿萱从未抱怨过这些。来到新的地方，她

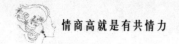

更关注那些有趣的事。

阿萱喜欢孩子们的纯真，也尽可能地带给他们欢乐。阿萱带着孩子们用彩色蜡笔画画，过儿童节的时候帮孩子们排练节目。

阿萱也喜欢跟当地的老乡打交道，帮他们挖土豆、摘青菜，学着老乡的样子架起炉子烤土豆。她时常陪着学生走山路去家访，吃老乡们给的食物，也会为学生精心准备礼物。

支教了一年，阿萱说那里的孩子和老乡才是真正的贡献者。山区的环境和人，让她体会到太多不曾想象的事，她收获了很多美好的感悟。

阿萱将这些都写成了文字，写成了诗，留作纪念好好珍藏。

现在阿萱回到了从小生活的城市，一切都是她熟悉的环境，她的生活依旧精彩不断。

早上7点，伴着温和的晨光，阿萱已经完成了5公里的短跑。吃饭或是闲逛的时候，时常能听到阿萱惊讶的感叹——她或是看上了吃饭的碗碟，或是因为在路边看到一个漂亮的小孩子而忍不住上前逗弄，或是朋友推荐哪里的景色不错而兴冲冲地打算出发去看看……

偶尔出差，阿萱最是喜欢。她会带上一双运动鞋，尽可能地用脚步去丈量陌生的城市。不管到哪儿，她总能找到适合跑步又景色优美的地方。

好的生活姿态，并不是让自己的生活环境越来越优渥，而是用心去喜欢自己生活的地方，去挖掘那些隐藏在生活里的小美好。不管在哪里，不管人生的哪个阶段，你都可以将日子过得有滋有味，把这辈子活得热气腾腾。

朋友或同学聚会，我们会聊到工作、婚姻、房子及未来的规划。

我们心中所想和日日焦虑的东西，大部分是这些所谓走向成功人生的"必需"。而那些生活里的"无用"，常常被我们忽略，像新买的一件十分讨喜的小物件、坚持了很久的某种小爱好、开始尝试的某项运动……然而，生命中能轻易牵动我们喜怒哀乐的，也不过是这些日常发生在生活里的"无用"。

加拿大人尼尔·帕斯理查，创立了全球第一个记录美好生活的个人网站，里面记录了生活中 1000 个美妙的时刻。这些美妙时刻并不是什么惊天动地的大事，而是日常生活里的小美好。

尼尔在他的书中写道："生命中最美好的事都是免费的。真正的幸福不是惊天动地的事，而是懂得发现生命中的小美好、过自己想要的生活。"

我们是否该认真审视一下自己的生活，面对突然萌生的小想法、小兴趣，我们有没有很好地抓住它？面对生活中的小幸福，我们是否懂得用心去善待？面对生活中那些看似无用的事，我们是否认真去对待？

给我们带来幸福感和美好体验的，常常是那些看似无用的生活小事，想要把这辈子活得热气腾腾，更应懂得珍惜生活里那些微小的开心时刻。

我们会发现，身边常常有人说"怕来不及"。小孩子拼命学习，怕成绩落下太多对同龄人追赶不及；年轻人忙着工作、挣钱、成家，怕人过而立之年一切来不及；父母催着孩子快快结婚生子，怕来不及抱孙子……

可是，有趣的、有温度的生活，不该是追赶着的。

你最喜欢的发卡，一定是在慢悠悠地逛街边小摊时买来的；你最喜欢的风景，也一定是闲来无事偶然间发现的；你爱吃的美食，也一定不是为了节省时间随意应付的工作餐。

冰心在作品《往事》里说："假如生命是乏味的，我怕有来生！假如生命是有趣的，今生已是满足的了。"

不必去追赶他人，也不必去追赶时间，倘若你的生命是有趣的、有温度的，哪怕稍纵即逝也如烟花绚烂。倘若你觉着生活平淡如水、困顿难熬，这度日如年的日子，你怕是一天也不愿意多要。

没必要怕来不及，不妨将每一天过得美好而又充实。

一个有趣的人，总能让时间和生活产生温度；一个有趣的灵魂，总能在平平淡淡中描绘出不同的色彩。要想把这辈子活得热气腾腾，你得学会让自己变得有趣。

变得有趣其实很简单，比如，你喜欢妖艳的大红色，就不要有所顾虑而选择玫红；你想要清早起来去晨练，就不要因周围香甜的鼾声而妥协。

投入到自己喜欢的事情中，你就能发现生活里的小美好。

▶ 你的乐意，我的乐趣

在掉落的银杏叶子上作画，风干贴膜后做书签；将废旧衣服里的丝绵塞进手工缝制的丝绒套子里，做成懒人沙发；将剪下来的绿萝叶子修剪、水培、移栽，养成大盆茂密的绿萝……

当肖书易放弃午休时间到处捡银杏叶子的时候，我笑话她无聊；当她将做好的书签送我时，我羡慕她的生活乐趣无穷。

或许不是你的生活环境枯乏、你做的工作枯燥，而是你没有一颗寻觅乐趣的心。就像肖书易常说："你开心了，世界就是彩色的；你有趣了，世界就有趣。"

肖书易是个会找乐子的人，给她一张白纸，她也能翻出花儿来；路上遇见一只小猫，她都能愉快地同它聊起来。但她免不了也有无聊低迷的时候。

越懒散的时候，生活越无趣。

肖书易在这个城市生活的前半年，活动空间大致是家和公司附近的地方。朋友邀她出去逛街，她说工作太累，周末需要休息；关心她的人，劝她早起按时吃早餐，她说路上买个包子吃也能应付过去；公司需人外出考察项目，她嫌麻烦，能避就避。

这种尽量缩减活动减少能耗的休息，并没有让肖书易的精神更饱满，生活更轻松，反而因为周末她沉迷电视剧，工作日更加无精打采；因为随意应付早餐，她对吃、穿等日常生活琐事越来越不讲究；长期待在办公室里，她对工作的不满与抱怨也日渐增多。

在公司待了足有半年，肖书易才发现从园区的小路绕出去是一座公园。公园里人不多，却设备齐全。恰逢深秋，公园里的芦苇丛长得有半人来高，风吹过时美不胜收。更让肖书易意外的是，公园里还藏了一棵 300 多年的古树。

肖书易心想，不能忽视自己所生活的地方，说不定哪个角落里就藏着惊喜。

肖书易打算好好认识一下这座生活了半年的城市，周末开始参加城市徒步。当她绕过城市里的老街，窜进街边的小

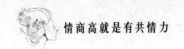

铺，听阿爹阿婆说着浓厚的方言，用手机拍下记录了厚重历史的砖瓦时，才发现一天原来可以这么美好。

肖书易开始对自己所生活的城市有了新的认知，每天再熟悉不过的 17 路公交车，在她眼里不再只是乏味和拥挤，公交车也因车身的广告而变得多彩、可爱起来。

肖书易因此喜欢上了摄影，喜欢上跟偶尔遇见的阿爹阿婆攀谈，她也会留出时间在街头巷尾寻觅好吃的小吃……

当肖书易渐渐习惯从生活中寻找乐趣时，也更愿意分享乐趣。与他人相处，她也是令人舒服愉悦的那一个。

肖书易送出的礼物新奇好玩，大部分是她自己做的。哪怕是明信片，她都能换着法子写出三四种字体。

同肖书易一起出游遇到不顺心的事，她不仅不抱怨，还能从中发现乐趣。

有一次，朋友和肖书易出去旅游，两人点了好些食物在那里大快朵颐。她俩的吃相被一位摄影爱好者拍了下来，朋友当时略感尴尬，肖书易却拉起那位摄影爱好者有模有样地聊起了摄影。你看，进餐厅时，她们是两个人，出来时跟那位摄影师的十来个伙伴都成了朋友。

朋友的证件在旅游途中不幸丢失了，因此她们不能及时返程，只能在当地多耽搁几天。朋友有些忧心，旅行的原计划和好心情也被打消了。为了缓解朋友的心情，肖书易临时起意，拉上朋友租了辆汽车，两人又来了一段愉快的周边小镇自驾游。

用心留意身边的趣事，想着法子让生活变得有趣。用这种生活状态与己相处，是自娱自乐、自由自在，不怕孤独、不需依赖；与他人相处，更是乐于营造愉悦、分享快乐，令人轻松舒适。

有人用"宠辱不惊，看庭前花开花落；去留无意，望天上云卷云舒"来形容陶渊明的个人世界。陶渊明在世人心中便是一个活出自我、有趣至极的人，他笔下的桃花源更是世人心中的乌托邦。

《陋室铭》里有这样的佳句："斯是陋室，惟吾德馨。苔痕上阶绿，草色入帘青。谈笑有鸿儒，往来无白丁。可以调素琴，阅金经。"

房子可以简陋，只要住的人品德高尚，门前的风景、往来的客人以及日常闲娱，都会因为主人的趣味高雅而变得高雅，陋室也就不简陋了。

有趣也是一样，不要总是埋怨工作枯燥、生活无趣、人生无聊。用一双乐于寻找趣事的眼睛看待生活，哪怕是简单的一日三餐，也会因一套精致的餐具、一些葱花的点缀、一碗餐后甜点而变得丰富多彩。

不怕生活无趣，就怕你懒散不愿动弹。有些人一边抱怨日复一日、年复一年的生活没有任何变化，一边连每天吃什么都不愿多想，宁可重复眼前的那一碗泡面。

波兰作家显克维支在他的长篇小说里写道："欢乐好比美丽，住在看见它的人眼中。"生活的乐趣，也一样存在于看得见它的人眼中。

你因工作繁忙而不愿为路边的鲜花停住脚步，抑或是你因懒散无趣而不愿早起打一杯豆浆，又或者你说话强硬连一个"呢""啦"的情感词语也不愿加上。那或许并不是你的生活无趣，而是你从未想过让自己的生活变得有趣。

你有趣，你眼里的世界就是有趣的；你颓丧无聊，你眼里的事物也会失去色彩。真正有趣的人，不是迎合大众的喜好，捧哏逗趣，而是认真经营自己的生活，专注于自己的喜好，营造一个舒适开心的世界。

喜欢生活，才会乐于分享。当你将自己有趣的生活向他人敞开时，你眼中的世界、别人眼中的你都是有趣的。

让自己变得有趣，或许与说话方式、性格无关，而是从心底里想要让生活变得更有生机，把日子过成自己想要的样子。你热衷运动也好，喜欢安静也罢，每个人的喜好不同，每个人眼中的趣事也不尽相同，但舒心愉悦能感染人的快乐却是一样的。

你开心有趣，你的世界也是灿烂的。

▶ 任性，一种高级的自我共情方式

我有一位显得十分成熟的大学同学，第一次上课，她被误认为闯进来的学生家长。老师点名"禾青仪"，她温吞地答"到"，吸引了全班同学的注意力。

后来，我们管禾青仪叫"青姨"。禾青仪并不介意我们这样叫她，反而时常像亲切的长辈那样照顾我们。

高中毕业后，青姨参加了工作，她20岁时在父母的安排下选择了结婚生子，自那以后，她一直在家相夫教子。

将近20年的婚姻生活里，青姨过得也算顺遂，只是她所有的青春梦想都淹没在了生活的琐碎里。

青姨第一次跟丈夫和儿子谈起她打算参加高考的想法时，丈夫和孩子都不理解。丈夫说，将近40岁的人闹着考大学，在外人看来像笑话。儿子也不愿意母亲同他一年高考。

家人只当青姨是随便说说，却不知道她有多认真。

青姨瞒着家人，偷偷报了高考补习班。丈夫出门去上班，儿子出门去上学，青姨快速地收拾完家务，急匆匆地赶去上课。

青姨跟不上老师讲解的内容，就翻出儿子用过的课本，一点一点地啃，一点一点地学。儿子做过的试卷和习题，她也不放过，拿着反复练习。

青姨的外衣口袋里总放着一本单词本，做家务、坐公交车甚至上厕所的几分钟，她都会拿出来读一读、记一记。

青姨还将英语笔记和数学笔记做成小单页，藏在家里的各个角落——厨房里的食谱打开来，可能夹着一道数学题；茶几上的女性杂志里，也夹着英语语法笔记；就连厕所的厕纸盒里，也藏着她梳理的知识重点……

在家学习不够自由，青姨拿晨练、晚练当借口，带上课本，在附近的公园或借着小区的路灯背记课文。

虽然家里人不支持，青姨还是毅然决然地参加了高考。青姨的大学录取通知书，跟儿子的录取通知书是同一天寄到家里来的。

青姨的丈夫拿着两封通知书，一边是喜，一边是愁。儿

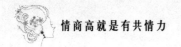

子如愿考上了医科大，一家人都很开心，而青姨考上的大学跟儿子要上的医科大只隔了一条街。儿子不乐意，丈夫也生气青姨一意孤行。

丈夫不愿为青姨提供学费，甚至扬言断掉她的生活费。儿子也说，若青姨一定要去上学，那以后在学校附近他只能假装不认识她。

十几年的婚姻生活里，青姨向来把丈夫和孩子放在第一位，这次她却异常坚决——她不惜变卖了父母留给她的老房子，一定要去上大学。

对于青姨来说，在青春年少时错过了美好的大学生活，是她人生中最大的遗憾。年近不惑，她不过是想再任性一回、再年轻一次。

一切来之不易，青姨十分珍惜她的大学生活。

近20年，青姨头一次体会到，除了在家做家务、照看孩子，她还可以做成那么多事——用英语做自我介绍，上台汇报自己的课题论文，跟青春年少的同学们一起组合唱团，学习第二外语。青姨开始了她的新生活。

青姨有一副好嗓子，年轻时能歌善舞很受男孩子喜欢，她丈夫也曾是她的爱慕者。生活琐事消磨了她的时光，却不能磨灭她的热情。

学校每两年举办一次校园歌唱大赛，当青姨拿着校园歌唱大赛的宣传海报时，在心里问自己：我还可以在舞台上唱歌吗？

原来没什么可不可以，青姨只是单纯地想要去唱歌，唱自己喜欢的歌给大家听！青姨为歌唱大赛做足了准备，找歌单，练习舞步，请合唱团的同学伴奏。

青姨成了那届歌唱大赛的热门选手，一路杀到了决赛。

决赛那天，青姨的丈夫和儿子也去了。青姨在舞台上倾情唱歌的画面，被活动组拍成了宣传照片，一直挂在学校的大学生活动室里。

电影《阳光姐妹淘》里，娜美为春花画素描，春花问娜美："你有想要做的事吗？"

"我太老了，没法有梦想了。"

"不要没梦想地活着，人生苦短，无梦难活。"

梦想真的能放下吗？中年娜美偶尔会望着窗外路过的学生发呆，怀念自己的学生时光。

我们时常以为那些青春的热血与梦幻都已经过去了，其实热情一直都在，只是被我们埋藏在了心底。

平日里文雅娴静的娜美，因为女儿受到校园霸凌，竟然穿上校服，组织了学生时代的姐妹，以同样的方式霸凌回去。这完全不像做了十几年贤妻良母的娜美能做出来的事，但这是她那个青春时代解决问题的方式。

娜美和姐妹因打伤了欺负女儿的学生而被警察带走。警车里放起了那首她们再熟悉不过的歌，是学生时期她们姐妹团的团歌。坐在警车里的四个人，不约而同地随着歌声跳起舞来。

做自己想做的事，哪怕在别人眼里近乎是个疯子，这样的热情、这样的无畏，并不是青春的专属。不管年龄多大，不管生活如何，一切都不能阻碍我们将青春的梦想继续下去。

剧情中，娜美偶然遇见了学生时代的好姐妹春花，为了帮助患了癌症的春花实现最后的梦想，她陆续找到了 25 年前阳光姐妹团的好姐妹。

十几岁时，想要成为艺术家的娜美，25 年后成了家庭主妇；想拥有美丽双眼皮的玫瑰，最终也没有去整容；满口脏话的黄珍熙，却成了假装优雅的贵妇；想成为作家的金玉，在家带孩子却受到婆婆欺压。

她们没能成为 25 年前自己梦想的样子，但一切并没有结束。

刘同在《你的孤独，虽败犹荣》里说："你不认老，就会一直年轻。你不服输，就一直在战斗。你不低头，世界看你仍是挺胸绽放。你不放弃，谁也无法对你判定人生结局。"

阳光姐妹团的青春还在继续，虽然没能成为曾经梦想的样子，但当她们重新拾起那份热情时，生活依旧充满希望。

在春花的葬礼上，阳光姐妹团的姐妹们跳起了当年的团舞。她们舞动着手臂，扭动着腰肢，活力四射的样子还如 25 年前一般。

你不认老、不服输、不低头，你的彩色青春依旧在继续，人生依旧充满了希望。

哪怕生活满目疮痍，只要你的血液里还有激情，只要你仍旧相信梦想，只要你还有战斗的热血，你的青春就永不过期。

彩色青春不打烊，没有人的未来是一潭死水。你不必拿年岁当借口，不必拿生活做说辞，更不必在意他人的眼光，做自己想做的事，梦自己爱做的梦。

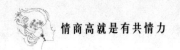

▶ 在多情的世界里深情地活着

我时常被燕秋拉去品咖啡，大街小巷的咖啡店是她最喜欢的地方。

分不清速溶咖啡与现磨咖啡有什么不同的我，常常惊叹于燕秋每到一家咖啡店，都能头头是道地说出这家店的咖啡有什么独到之处。

燕秋除了品咖啡，还会留意店家用的机器、搭配的牛奶、咖啡豆的质量等。

两年前，还在做会计的燕秋，无意间参加了一场关于咖啡的讲座。咖啡豆从育苗成功到被采摘加工，再到经过烘焙、冲煮，变成美味的咖啡，这些都深深地吸引了燕秋。也正是这场讲座，彻底改变了燕秋的人生轨迹。

机缘巧合之下，燕秋有幸跟着一位日本咖啡师学了一套咖啡入门课程。从此，燕秋仿佛打开了新世界的大门，她开始学习控制咖啡冲泡的水温和时间，研究意式咖啡拉花，训练手冲咖啡控制水流的速度。她乐在其中，一遍一遍地练习。

除了实操，燕秋还喜欢研读专业的咖啡书籍，时间长了，她也会将自己学习咖啡的经验在网上跟朋友们分享。接着，有认识或不认识的朋友向燕秋讨教怎样辨别咖啡豆的好坏、怎样找到适合自己口感的咖啡。

因为喜欢咖啡，燕秋乐于同大家分享一些咖啡知识。相互熟悉了，燕秋也会帮大家辨别咖啡豆的好坏，代买一些适合他们的咖啡豆。

为了方便大家冲泡，燕秋还会细心地在包装袋上写下不同咖啡的口感，水温、时长、水量等冲泡细节。

燕秋偶尔也会将自己做的口感不错的挂耳咖啡送给朋友们品尝，时间久了，朋友们自愿花钱购买她制作的咖啡。

那些爱找燕秋购买咖啡豆的朋友，成了燕秋的第一批客户，燕秋自然而然地开始了她的第二职业——在朋友圈和淘宝店售卖咖啡豆和研磨好的挂耳咖啡。

燕秋做的咖啡在朋友和朋友的朋友圈里越来越有名气，

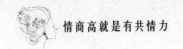

找她购买咖啡的朋友也越来越多。

燕秋偶尔忙不过来，就照顾不到朋友的喜好和写清那些冲泡细节。于是，她反省自己做咖啡的初衷，是为了将喜爱的咖啡介绍给更多人，跟更多喜欢咖啡的人分享好心情。

燕秋将朋友所提的问题一一记下来，逼着自己去学习更多的咖啡知识。没有时间手动备注咖啡口感和冲泡细节，她便找到专业的设计公司，为咖啡产品设计了好看的包装和印刷了冲泡注解的说明书。

从喜欢到真正做产品，燕秋发现需要解决的问题是一个又一个。比如有个小插曲，燕秋的咖啡生意刚开始红火，却因为一批咖啡豆的口感不佳引起了顾客的大量投诉。她挨个赔礼道歉，又重新给顾客补发货，才将问题解决。

因为喜欢咖啡，燕秋才想让更多的人喝到好咖啡，她不能容忍类似的事情再次发生。她走访了好几个城市，终于找到一家做了十几年咖啡豆烘焙的商家为她代加工。这样一来，不仅咖啡的风味有了保障，她还能保证把最新鲜的咖啡豆送到顾客手中。

燕秋就这样一路摸索，一路前行。两年里，她从想学咖啡到做出风味独特的咖啡产品，结识了很多喜欢咖啡的朋友，也让自己的人生变得更加丰富多彩。

前段时间，燕秋的咖啡店开张，好些顾客前来为她捧场。从喜欢到创业，燕秋说她还会继续不断地学习、输入、输出，不断地交流，不断地收获。因为喜欢，所以她会更加虔诚地前行。

林语堂在《生活的艺术》里说："有价值的学者不知道什么叫作'磨炼'，也不知道什么叫作'苦学'。他们只是爱好书籍，情不自禁地一直读下去。"

做自己喜欢的事也是如此，不知疲惫，不埋怨艰辛，只是心甘情愿地在自己喜欢的事业上埋头深耕。一遍一遍地尝试，哪怕失败和重复，因为喜欢也会一直坚持下去。

你是否有这样的体验：做自己喜欢的事，哪怕耗费十天半个月也会觉着时间一晃而过；做自己不喜欢的事，哪怕是一分钟也会觉着漫长难熬。

有所成就的人，往往能找到自己喜欢的方向，愿意在这件事上投入精力、付出努力。

成功的关键在于努力和坚持，并没有所谓的捷径。做自己喜欢的事，你会更愿意付出加倍的努力和更持久的坚持，成功也就会更容易达成。

喜欢的事情，才能不厌其烦地去尝试，把它当成生活里的日常。俗话说"熟能生巧""百炼成钢"，喜欢并且不断练习，就是一个不断走向成功的过程。

村上春树说："喜欢的事自然可以坚持，不喜欢怎么也长久不了。"因为喜欢，所有的坚持和努力不需要太多的理由，无论别人怎么看，无论结局的成败，每一次尝试都觉着美好。

如果你渴望成功，与其在不喜欢的工作里怨天尤人，不如选择喜欢的事并乐此不疲地全情投入。

当你喜欢上所从事的事业，当你对自己的爱好"上瘾"，坚持也就是顺其自然的事情，成功也会水到渠成。

自己愿意做的事，我们靠着热情和喜欢往往会更主动、更有动力。单纯依靠理智与责任心去做一件事，往往是被动的，不能长久。

走向成功的捷径是努力和坚持，做自己喜欢的事情，所有的努力和坚持都是理所当然、心甘情愿。如果有幸遇上自己喜欢并且愿意坚持的事情，你已经走在了成功的道路上。

▶ 将时间花费在自己喜欢的事情上

有些人天生就知道怎样把日子过成自己喜欢的样子，有些人要花上好些时光才明白。其实，生活不过是一场"浪费"，但要浪费在美好的事物上。

高中时，跟李烟说起我悄悄喜欢上前桌的男生，常常往他的卫衣帽子里放我爱吃的零食，自己还会暗地里琢磨，他什么时候才能发现我的小心思。

那时候，李烟常常指责我没把心思放在学习上，在她看来，学生的第一要务自然是学习，凡与学习无关的事，多少都是浪费时间。

李烟的家庭教育一直很严苛，父母鼓励她利用周末多去学习功课、学习技能。若是节假日里她在家里睡懒觉或者窝沙发里不出门，就会被父母指责懒散懈怠、浪费生命。

从小，李烟对自己的要求也很严格，不穿那些花里胡哨的裙子，常年扎着简单的马尾，即便上了大学，一心也只扑在学习上。

上大学时，李烟谈了第一个男朋友。

男朋友约李烟出去吃晚饭、看电影，因为临近考试，李烟说服男朋友每个周末陪她一起去图书馆复习；元旦游园会，男朋友邀李烟去看自己的表演，李烟忙着复习，踩点赶过去的时候，男朋友的表演早就结束了。

李烟的初恋就这样草草地结束了，男朋友说李烟无趣，李烟觉着男朋友贪玩。

大学毕业后，李烟一面忙着公司的工作，一面忙着搞副业。白天，她在高档的写字楼里办公，下了班她在自己的服装店里忙到深夜。周末，年轻的女孩子化上精致的妆去逛街、出游，李烟穿上牛仔裤和 T 恤扎在服装店里，一忙就是一整天。

亲戚朋友给李烟介绍男朋友，李烟不管对方顺眼不顺眼，总是说："我希望我未来的伴侣努力上进、有责任心，不会将生命浪费在无用的事情上。"

直到有一天，李烟对第一次见面的男生说，她不喜欢耽误时间。那个男生眨着大眼睛，执拗地对她说："爱慕和喜欢是一件美好的事情，哪怕没有结果，也不是耽误时间或浪费生命。"后来，这人成了李烟的男朋友。

李烟第一次学着去做那些"无用"的事，尝试那些"浪费"生命的事。

春风和煦的周末午后，李烟和男朋友坐在江滩边上，什么也不做，就这样晒了一下午的太阳；下了班，李烟没有急着回家，也没有急着去服装店，而是跟男朋友一起坐上环城公交车围着城市静静地转了一圈。

25年了，李烟才发现自己适合粉色的发卡，喜欢大红色的连衣裙，爱吃草莓慕斯蛋糕……

日子久了，李烟会生出愧疚感，也会感到迷茫：就这样耗费时光，真的可以吗？服装店有些时间没打理了，给自己设定的读书学习目标也因谈恋爱而耽误，她生出了结束这段恋情的想法。

李烟告诉自己，等服装店的生意稳定了，等在公司升职站稳了脚跟，她才能化漂亮的妆，穿上好看的连衣裙，安心地享受一段美好的恋情。

尽管跟男朋友在一起的时光是开心幸福的，尽管有很多

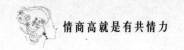

不舍，李烟还是对男朋友说出了分手的想法。

"请把生命浪费在美好的事物上，不要压抑自己的喜欢，不要逼迫自己必须努力。"那天，男朋友这样告诉她。

他希望李烟可以像小女孩一样，喜欢吃草莓慕斯就吵着要吃，而不是偷偷瞟一眼，假装是个成熟大人的样子告诉自己并不好吃；他希望李烟在努力让未来变得更好的同时，也对现在的自己好一点儿。

后来，这个快要分手的男朋友成了李烟的老公。李烟庆幸当时的自己选择了继续"浪费"生命，没有错过一段美好的恋情，没有错过一个值得爱的人。

有人嘲笑做志愿者是浪费时间，有人说做家庭主妇是浪费生命，有人说放弃高薪工作去旅游是浪费人生，因为这些付出可能得到不对等的回报。

但真的如此吗？

"所有你乐于挥霍的时间都不能算作浪费。"希望这句话能引起你的共鸣。

用你喜欢的方式去过每一天，在大城市拼搏也好，在小城市安闲也罢；让自己变得更能干也好，让身心更清闲也罢——做哪些有价值的或者"无用"的事，都没有关系。生命本来就是一场浪费，只是有的人开心地浪费着，有的人压抑地浪费着。

不去思考什么是对的事，而是真正地将时间和生命花费在喜欢的事、喜欢的生活上，这样的浪费又有什么不好呢？

《人间有味是清欢》里有这样一句话："浪漫，就是浪费时间慢慢吃饭，浪费时间慢慢喝茶，浪费时间慢慢走，浪费时间慢慢变老。"

恋爱，交朋友，跟陌生的人变得熟识，这些都需要时间的交融和生命的互通。

哈佛大学一项维持了 75 年、历经 4 代研究者的研究表明：虽然超过 80% 的人认为人生最大的目标是获得金钱，又有 50% 的人补充是得到名利，但真正能让我们的生命感到开心幸福的却并不是这些。

这项研究指出：社会关系对我们有益，孤独感有害健康；而孤独感与朋友的多少无关，与朋友关系的质量有关；好的夫妻感情还能保护我们的身体，让我们更健康。

找时间跟朋友聊聊天、散散步，一起约会吃饭；给多年不联系的老同学打个电话互通近况；跟那些断了往来的亲戚互送音信……做这些看似无用甚至浪费生命的事，恰恰是

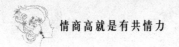

最健康的生活方式，也是最美好的生活方式。

你可以选择将时间花费在自己认为对的事情上，也可以选择将时间花费在自己喜欢的事情上，每一段让自己感到开心快乐的时光，不管是在做什么都不算浪费。

我们往往以为，追逐生命中的财富与名利才算是实现人生的最大价值，却忽略了使生命健康和愉悦才是真正最重要的事。

▶ 谁的青春不迷茫

　　追过最美的姑娘，打过无缘由的架，玩过最猛的游戏，做过最不切实际的梦。说起青春，宋昊笑得满脸纯真。

　　青春没有太多故事的人，总爱听他人说起那些青春里的趣事。

　　宋昊说，他曾经做过最牛的事，是在高三那年死缠烂打地追到了一个喜欢的姑娘。

　　那时候，宋昊在学校也算一方"恶霸"，出了名地长得好看，但性子恶劣。宋昊与女生相处的最佳模式是拿她们当哥们儿，吃她们的零食，用她们的文具，软磨硬泡地逼着她们帮他写作业。

　　宋昊喜欢的姑娘，在学校里是出了名地温婉好看。某天放学后的惊鸿一瞥，姑娘就这样美到了宋昊心里。宋昊第一

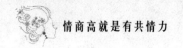

次喜欢一个人，以为就是要将自己最喜欢、最好的东西分享给她——给姑娘送她喜欢的零食，在她面前展示自己的特长，拉着兄弟大胆地向她告白。

真心喜欢过才知道，为了那个喜欢的人，你愿意拼尽全力成为她心目中的白马王子。

为了唱她喜欢的歌给她听，宋昊不打游戏了开始学弹吉他，手指弹破了皮也悄悄地不作声；为了能跟她同桌，不爱学习的宋昊埋头苦刷题，只为了下次能考个好名次，优先选座位。惹她生气、逗她笑，宋昊在喜欢的人面前活脱脱成了一只萌猫。

高中毕业后，宋昊才知道，教室黑板报上他的一张相片被姑娘悄悄珍藏了。很多年后，这个小姑娘成了他的妻子。

宋昊说他做过最蠢的事，是为了面子什么都可以不顾。看了电影《黄飞鸿》后，因为迷恋黄飞鸿的英雄豪气，宋昊见人就爱嘚瑟一番他的假把式。

有同学质问他："黄飞鸿能从高空跳下来毫发无损，你能吗？"十几岁的大男孩争吵起来，竟比5岁的孩童还要稚嫩——"我能，我就是能！"青春里的肆无忌惮显得异常美好。

　　因为这样一句已然说出去的争执话，宋昊强撑着面子，约了那个男同学周末见。宋昊带了一把很大的黑色雨伞来到学校二楼，撑开伞壮着胆子跳了下来。最后，屁股摔得生疼，身上有轻微的擦伤，宋昊没有被吓到，那个男同学却吓得再也不敢招惹宋昊。

　　如果现在你问宋昊，还有这样的胆子吗？宋昊笑着说："虽然现在皮糙肉厚的，但还是里子更重要。"

　　不关好坏，有些事情只适合青春懵懂的时候做。

　　宋昊说他做过最开心的事情是组建乐队。说是乐队，其实算上宋昊自己也就两个人，宋昊是吉他手也是主唱。

　　初生牛犊不怕虎，按照宋昊的话说，吉他可以弹得不好，歌可以唱得不好，但是乐队的气势一定要有。

　　宋昊整个青春时期的"演唱会"，都是在城南的垃圾回收站开的。拉上玩得来的朋友，宋昊和乐队的小伙伴拿上乐器，扯开嗓子就唱。青春年少，好像所有的烦恼和忧愁，扯开嗓子唱一首歌就都过去了。

　　有些事，不经历不知道对错；有些事，不体会不知道其中的滋味。你的青春，你有权大胆挥霍。

　　"如果太切合实际，就不配叫作青春了。因为，青春本来就是一个巨大的梦想嘉年华。"蒋勋在《生活十讲》里这样说。

　　青春是朝气，也是可能。你可以大胆地去幻想，哪怕天马行空，因为未来本就有无限可能。

　　就像有人对你说，不要太早去穿黑色的衣服，不要去羡慕别人成熟的大波浪卷，也不用着急地穿上高跟鞋，因为那样成熟的你迟早会到来，而青春绚烂的你正值当下。

　　不用假装一脸老成地无所不知，不要害怕去做那些看起来很愚蠢的事，更不用担心失败、犯错，你只有试过、尝过、体会过，才会更加明白什么是珍贵！

　　天气，有晴有雨；青春，有苦有乐。

　　吴慧子说，成长无非大醉一场，勇敢的人先干为敬。

　　雨后是彩虹，疼痛过后是成长。

　　青春不缺乏梦想，所以请你不要失去勇气——去想去的城市，学想学的东西，成为想要成为的那个人。对于青春年少的你来说，没有不可能，只有还没挪动的脚。

　　即便迈开脚步，遇上的不一定是美好和成功，也有可能是失败和打击。但是哭过、笑过、放弃过、离开过，你才能找到那个对自己来说最重要的人、最重要的事，然后认真地、努力地去珍惜、去实现。

经历过一番人生的酸甜苦辣，一个人才算成长了。

青春里的成长，像人生的每一个阶段都是无可替代的。画画的乐趣在于，在一张洁白的纸张上涂画出自己喜欢的色彩；青春的美好也在于，在一张充满可能的画板上，画出自己人生的灿烂。

你拥有梦想、拥有可能，还拥有无限的未来，那你为什么不敢晃荡青春！

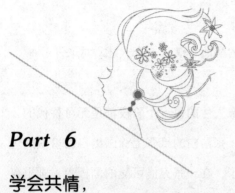

Part 6

学会共情，
做一个刚刚好的自己

　　有伤疤的男人更帅气，有故事的女
人更有魅力，尽情地在你的人生画板上
涂绘色彩，一切都会沉淀在时光里，愿
你收获一个耀眼的自己！

▶ 自由生长，自在成长

一年前，罗诗雨创业失败，坐在公交车站的椅子上，她将欠债人的名单一一罗列，竟写满了一张 A4 纸。

罗诗雨放弃了五年的设计工作，首次创业想做火锅，由于当地的师傅不好找，她就跑到重庆学做火锅炒料。在学艺的火锅店外蹲点，她掰着指头数人流和客量，越发觉着这生意靠谱。

沉下心来，罗诗雨在厨房里一学就是三个月。学成归来，她有了做火锅的手艺，口袋里却没有足够的资金。

没钱怎么办？罗诗雨提前准备好了计划书，一个个约见朋友，再让朋友介绍朋友，拉人入伙，最后总算筹够了 30 万元的启动资金。

选址找店面，装修设计，文案推广，罗诗雨都是自己一个人来做。

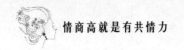

火锅店开张时，天公作美恰好赶上一波寒潮，那年冬天也格外长，火锅店一下子成了整个美食城最火爆的餐厅。

火锅生意季节性强，过年之后的夏季是火锅生意的淡季。

首次创业，罗诗雨始料未及，只能看着火锅店一天天亏损下去。合伙的朋友们闹着撤资，罗诗雨没有办法，还完了一部分朋友的钱，只剩下生意冷清的店铺。但她不愿放弃，自己一个人苦苦支撑着。

每天睁开眼睛，罗诗雨就得为一天的开支犯愁。没有多少客流，火锅店就这样开着一个月也是好几万的亏损。为了弥补亏损，罗诗雨经朋友介绍，又做起了配送的活儿，她每天早上 5 点左右拖着几筐子的鱼、虾往其他餐厅里送。

即便这样，火锅店依旧难以支撑下去，实亏到了 20 多万元时，罗诗雨不得不决定将店面转让，做回老本行的设计工作。可是不到两个月，她不得不想着法子筹钱创业，因为店面迟迟转让不出去，朝九晚五的工作薪酬又无法解决欠债问题。

再次创业，罗诗雨决定做虾蟹系列，虾吃虾涮、油焖大虾、炒虾球、香辣蟹、蟹脚面……罗诗雨学来了手艺，却又为资金犯愁。因为首次创业的失败，亲戚朋友不愿再借钱给她，没有资金周转，守着空空的火锅店，她一筹莫展。

罗诗雨心想，要是能从一个人手里筹集到 100 元或 200 元的小额资金，那 1500 人就能帮她筹到重新开张的钱。灵感突现，她有了个预售的法子，将虾店的菜品提前成本价预售。

借助以往的营销经验，罗诗雨包揽了设计、策划、文案推广的活儿。她抓住微博、微信朋友圈和互联网的传播途径，宣传以一周抢购时间的活动形式，提前预售 1500 份虾蟹大餐和火锅大餐：顾客只要在这一周内下单支付成功，半年的时间里都可以随时到店里兑换套餐。

罗诗雨还想到在套餐内搭配大额的酒水，顾客一次喝不完，可以存放在餐厅下次再来喝，以此吸引顾客常来。

因为价格实惠，罗诗雨策划的 1500 份预售套餐很快被一抢而空，就这样，她筹措到了火锅店重新开张的钱。

营销到位，味道好，价格也实惠，罗诗雨的虾店在美食城又做得风生水起。没多久，她不仅还清了欠款，还开了多家分店。接着，有媒体邀请她介绍自己如何利用互联网思维经营餐厅。

坚持不是日复一日地重复眼前的事，而是哪怕遇到困难、遇到鸿沟，依旧满怀热情，想尽办法跨过去。经历过挫折和困难，道路会更清晰，希望会更耀眼。

"命运好像喜欢跟人玩捉迷藏游戏，当你快要对某个人或某件事失去希望的时候，它又向你露出一个暧昧的笑脸。"我喜欢《谁的奋斗不带伤》中的这句话。

失望和绝望向来不是终点，希望或许忽明忽现，可是当它暗淡过后会更加耀眼。

生活中，困扰你的某件事、某个人，就像遮住阳光的乌云，只是一时看不见希望。可是风雨过后，乌云散去，这人、这事又会变得豁然开朗。

于自己也是一样。当你以为不得不放弃的时候，也是出现转机的时候，坚持住了，熬过去了，便是更美好、更闪耀的自己。

坚持的可贵，便在于雨后彩虹、风中玫瑰。

在《写给幸福》里，席慕蓉如是说："挫折会来，也会过去。热泪会留下，也会收起来。没有什么可以让我气馁的，因为，我有着长长的一生。而你，你一定会来。"

闪亮耀眼的自己一定会来，幸福美好的生活一定会来，一切都值得付出，一切都值得寻觅与等待。

也许你昨天哭得撕心裂肺，可是今天的太阳会照常升起，你对着镜子依旧要化好美美的妆，迎接新的未来；也许前一分钟你被失败和放弃的情绪淹没，歇斯底里地哭喊过后，你昂起头、挺起胸，依旧告诉自己：我不会被打倒！

风雨过去后，彩虹会出现；困难过去后，幸福会到来！

使你深陷其中的困境，阻挠你前进的迷雾，只是那朵暂时遮蔽你发光发亮的乌云。克服它，穿过它，你才会知道自己能散发怎样的光芒。

阳光穿过乌云，透过雨水是彩虹。而你经历磨难，将会蜕变成长得更加耀眼。

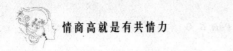

无所谓，无所畏

医学世家出身的林子琼，放弃了九牛二虎之力考上的医学专业而转系到韩语专业时，遭到了父母的反对。

父母帮她分析，以她所在的学校和专业的知名度及她以往的成绩，她将来一定能成为一名出色的医生。

当时毫无韩语基础的林子琼，眨着大眼睛告诉父母："学韩语时我很开心，我想学好韩语做翻译。"

父母看着林子琼开心的神情，知道她是认真的，虽然感到万分可惜，但只能支持她的决定。

与韩语专业的同学相比，林子琼入门晚了半年，韩语发音、词汇、语法都落下了一大截功课。

因为喜欢，所以无畏。

林子琼面对韩语毫不怯场，发音不地道，就向发音标准的同学学习，跟着韩剧练习；词汇量和语法知识不够，她就利用课余时间将落下的功课一点一点地补起来。

林子琼结交了一些喜欢韩语的朋友，日常交流中向他们学习韩语，请教韩国文化。日子久了，她的韩语发音越来越标准，有足够的能力去应付考试，拿下奖学金也不在话下。

林子琼规划着，毕业后进入韩资企业或是专业公司从事翻译工作。可生活往往不会按照你所规划好的路线来，因为她认识了一个嫁到韩国 10 年的中国女人——琴姐。

琴姐漂亮、精致、懂生活，做着自己喜欢的工作，有个爱她的韩国老公和可爱的女儿，她的生活状态是当时的林子琼不敢想象却十分羡慕的。

琴姐时常会分享一些好用的化妆品和实用的化妆手法。林子琼对这些感到新奇，迫不及待地想要学化妆。

同学们利用闲暇时间逛街、旅游的时候，林子琼鬼使神差地跑到影楼做兼职。因为想要全程了解和学习化妆技术，她除了平日里留意不同品牌的化妆品和化妆技巧，对这份影楼的化妆助理工作也格外珍惜。

在影楼里工作，林子琼常常忙碌得顾不上准点吃饭，晚上下班也从来没有准点过。

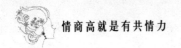

尽管辛苦，林子琼却很喜欢。不到一年，从帮忙整理妆容到学会盘发，再到独自负责各种风格的妆容塑造，不管从事什么行业，她都会尽力做到最好。

大四实习的半年时间里，林子琼的好多同学都进入了不同的翻译岗位，她继续在影楼里没日没夜地工作。

毕业前夕，大家又有机会聚在一起，热闹地讨论着工作中遇到的翻译趣事，林子琼待在人群的边缘插不上话。

意识到自己偏离规划的轨道太远，林子琼感觉失去了努力的方向。从医学专业转到韩语专业，若继续在影楼待下去，她之前所有的努力和坚持似乎都成了笑话。

林子琼下定决心，哪怕离首席化妆师只有一步之遥，她还是要回归翻译的老本行。恰恰这时候，影楼接到了一个韩国剧组的临时订单，其他化妆师的日程上都有了安排，就让林子琼负责这单活儿。

韩语专业出身的林子琼，前一天与剧组的工作人员用韩语沟通毫无障碍，化妆当天与演员也聊得很开心。

剧组所在的公司正好缺一位优秀的化妆师，想高薪聘请林子琼去韩国工作，签证和手续可以走绿色通道在短时间内帮她办理。

林子琼询问亲人和朋友的意见，朋友不建议她去，说韩国的工作压力大。父母更是反对她去韩国折腾，大家都不赞同她的想法。

但是，林子琼还是毅然决然地坐上了去往韩国的飞机。

到了韩国，林子琼发现这里的生活并不是亲戚朋友描述的那样。她可以在剧组工作，也会接一些商务翻译、旅游翻译的工作。慢慢地，她接触了很多有趣的韩国人，过的生活也是曾经的自己完全没有想到的样子。

虽然国外的生活很精彩，却也并不轻松。林子琼说，她最大的体会是可以随心而动，但是任何时候都不要停止给自己充电，这样才能无惧无畏地随时出征。

人生中最大的惊喜，是生活中充满着希望与转折，谁也不能按照既定规划无风无波地走完一生。班超投笔从戎，鲁迅弃医从文，每一次尝试和改变都是一个新的开始，都预示着各种可能。

NASA 中文专栏的一位作者说："人类的智慧不是所谓的'灵光一现，奇思妙想'，而是一次次勇敢无畏的尝试。"

面对浩瀚的宇宙，人类勇敢无畏地一步步探索与尝试，才创造了一次又一次的奇迹。这是见证了宇宙的浩瀚及人类

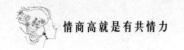

的渺小和潜能之后的感叹。

面对平淡的生活,你需要勇敢地踏出想要走出的那一步,可能生活依旧平凡,但你前行的脚步将会更加无畏。

年纪再大,并不妨碍你开始某项兴趣爱好;生活再忙,并不耽误你发自内心地去喜欢一个人、一件事;日子再苦,也并不能阻碍你向往更幸福的生活。

世人常说,你踏出了第一步,便成功了一半。是啊,听从自己心底的声音,勇敢地开始某项尝试、某种改变、某段生活……

美好就像奇迹一样,是一次次勇敢无畏的尝试。

刘同在《你的孤独,虽败犹荣》里说:"有人拼命挣脱,终成无畏。有人放任飘洒,终成无畏。"

我想,大概每个人都会有自己的人生轨迹,有自己的自豪与骄傲,不需要所有人的赞同,也不需要所有人的理解。倘若你能直面自己生活里的幸福美满抑或是满目疮痍,勇敢无畏不退缩,那谁也不能对你的生活横加评判。

有人用4年读完大学,有人用4年从基层做到高管,有人用4年结婚生子。但是这4年只是他们的一段时光,没有人能用一个具体的年限来衡量自己的成败。

随心而动，放任飘洒，哪怕是 10 年、20 年，只要你还有战斗的勇气，只要你依旧准备起航出征，你的生活同样值得敬仰。

吴晓波在他的散文集里写下这样一段话："在这个世界上，不是每个国家、每个时代、每个家庭的年轻人都有权利去追求自己喜欢的未来。所以，如果你侥幸可以，请千万不要错过。"

放任飘洒，终成无畏！

愿你不因胆怯、世俗的观念而压抑本心，放弃真心喜欢的事，愿你可以追求到自己的未来。

▶ 总有一片晴天等着你

丁蔓去看心理医生是我陪着去的，那时候，丁蔓敏感、脆弱，还十分抑郁。

特别记得有一次，大家讨论新来的辅导老师帅气、有礼貌，很讨女孩子的欢心，继而神神秘秘地打探辅导老师的年龄、喜好。丁蔓进来的时候，神色不太好，进进出出徘徊了几次，然后带着哭腔质问我们是否在背地里说她的坏话。

丁蔓不知道自己的疲软和委屈从何而起，拉着我去找学校的心理医生。我想，大概每个人的大学生活都会有这样一段不知所措的迷茫期。

因为高考成绩不理想才进入这所大学的丁蔓，想过回去复读，也想过转专业，但她内心虽有不甘却无力扭转。

丁蔓只好假装跟其他同学一样，喜欢大学生活，认真对待每位老师的课。可越是伪造事实，她越容易陷入迷茫。

当她在课堂上将老师讲解的内容囫囵吞枣，或在校园里踽踽独行时，其他人的脚步并没有停歇，大家方向明确地走在自己的路上。她在随波逐流，却总是追赶不及。

心理医生告诉丁蔓："或许你该去做自己喜欢的事，而不是大家做什么，你便做什么。"

做自己喜欢的事？丁蔓在脑海里搜刮但凡可以与兴趣爱好挂钩的事，大概也只有听音乐、看电影、看小说。

有一次，丁蔓从睡梦中醒过来，已经是上午10点半了。恰好是周末，宿舍里只剩下她一个人，莫名的委屈袭上心头，马上被悲伤的情绪包围，那天她足足哭了半小时。

也是从那天起，丁蔓决定去图书馆看书。不知道从何看起，她就从名家著作开始，读完沈从文、余华、史铁生，读林清玄、村上春树，再读张爱玲、三毛、冰心……实在找不到书看的时候，就去论坛、知乎上求书单。

读书并不能立竿见影地改变丁蔓的生活状态，但当她读的书越多，越能体会到自己的浅薄。积累到一定程度的时候，丁蔓发现所读的那些书已经悄悄地改变了自己的人生观、价值观，也帮助她更清晰地认识了自己。

没有爱好，就从第一个爱好开始培养，之后就会有第二

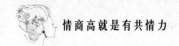

个、第三个……

丁蔓开始参加学校的社团，坚持去琴房练吉他，拿起了画笔开始画画。哪怕在此之前她并没有任何音乐与美术的基础，但这并不妨碍她发展新的爱好。

从学会认五线谱到练习基本指法，丁蔓坚持了一年多之后才能弹奏完整的曲谱。她尝试过很多种画风，水彩画、油画、素描，她最喜欢的还是素描。

丁蔓说："知道自己喜欢什么，并不比不知道自己的爱好更轻松，因为想要做好喜欢的事，需要付出时间和努力。爱好越多，那我的努力就需要加倍。"

对艺术有了一定的审美，丁蔓又喜欢上了摄影。于是，她开始手绘书签、帆布鞋、帆布包，再将手绘作品拿去换钱购买摄影器材。因为对摄影的爱好，她又研究起修图软件，通过相机和软件为社团活动拍照、修图做宣传海报。

大学生活里，丁蔓身上累积的标签越来越多，学生会宣传部部长、连续两年厨艺大赛的冠军、马拉松学校联赛的季军……不知不觉中，她成了别人眼中令人羡慕的多才多艺的"斜杠青年"。

丁蔓能倒腾、会倒腾的事情越来越多，她说："这些爱好或许并不一定能改变我的人生轨迹，但当我照镜子的时候，发现这是自己曾经想要成为的样子，那个郁郁寡欢的我早已为自己造了一个温暖的太阳。"

电影《昨日青空》里有这样一句经典台词："只要有自己真心喜欢的东西，就会发出光来。喜欢一个人也是一样，即便到最后不能在一起，也没有关系。因为你一定会喜欢，那个因为喜欢着他而发光的自己。"

你是否后悔过喜欢上一个不能走到一起的人？你是否埋怨过曾经不够优秀的自己？你是否曾懊恼地想过若是能回到当初多好？

不必去悔恨和懊恼曾经不满意的自己，当你努力去寻找、去发现自己喜欢的东西时，你会情不自禁地一点点投入、一点点成长。回过头来，你已然成了自己喜欢的样子。

你没有办法去改变曾经的羸弱，却可以从现在起一点点积累，让自身的发光点越来越多。

低沉的时候不跟自己较劲，遭到批评的时候不太过自责，走路的时候要学会抬头。那个自卑、懦弱、抑郁的你，会因为自己努力地走入阳光里而变得温暖、闪亮起来。

老天不会让全世界同时下雨，就像它不会让你的整个世界都是黑暗。当你深陷黑暗不知所措的时候，或许你更应该尝试在黑暗中挪动脚步。在那段暗沉的日子里，迈出了艰难的脚步，触碰到黑暗的边缘，就能看到光。

王小波说："我希望自己也是一颗星星：如果我会发光，就不必害怕黑暗。如果我自己是那么美好，那么一切恐惧就可以烟消云散。"

不用去期待他人为你预设的晴天，不要太过依赖别人为你营造的安全区，如果你可以发光，打败的将是深埋于内心的黑暗。

就像你害怕在朋友面前开口唱歌，不是音响的问题，不是歌曲的问题，也不是你跟谁一起唱的问题，而你内心害怕唱得不好听。那就一遍一遍地去熟悉一首歌的旋律，当你能将旋律完整表达的时候，你就不会害怕了。

如果你的世界天天下雨，不要太过祈求他人的搭救。

让一切困难和黑暗烟消云散的办法，是正视自己所遇到的不如意，直面内心的恐惧。战胜它、克服它，总会有一片晴天出现在你的头顶，让你无惧阴冷，走到哪里都被温暖的阳光包围。

▶ 你是自己的幸运星

在朋友圈看到一两年不曾联系的张若柯发了消息，我好奇地询问她的近况。

曾经的张若柯是个腼腆的姑娘，与她深聊之后，我才发现她已变得如此开朗、自信。

学生时代的张若柯向来比常人努力，平日里成绩还算优异，可一遇到重大考试就没办法正常发挥。

因为英语失利，张若柯的高考成绩不理想，不得不选择复读。第二年高考，她也只是不惊不喜地被一所普通本科院校录取。

上大学后，张若柯就立志考研，大三下学期便开始准备。一年多的时间里，她每天 6 点起床到图书馆占座复习，直到晚上 9 点半才回到宿舍。平日里的生活范围，她仅限于往返

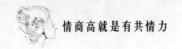

教室、食堂、宿舍，虽然三点一线，可她从未抱怨过。

为了省出更多的时间备考，张若柯一年多不曾逛街、娱乐；学校附近新开的火锅店，她到毕业前才有机会去尝；原来的齐肩短发一直留到后背，她也没工夫去理。

即便这样，第一年考研，张若柯还是名落孙山。毕业前后有过短暂的实习，可是她不甘心就这样放弃，毅然决然地打算再战一年。

有时候在失败面前，哪怕再艰辛的努力也会遭到质疑。

张若柯将自己打算脱产备战考研的想法告诉了父母，父母委婉地劝慰她，人生也不是只有这一条路可走。张若柯执意坚持，父母只能支持她。

亲戚聚会、朋友寒暄时问起张若柯的近况，父母多少有点支支吾吾地不好意思讲起。

张若柯也在意这些，但她更明白，越是在意，就越要默默地走好未来的路。

张若柯不再彷徨，在打算考研的学校附近租了一间不足10平方米的单间，房间里只有一张桌子、一张床。她在这里一待又是一年，学习依旧清苦，她的生活仍是学校、食堂、房间，三点一线。

张若柯搬出那间单间的时候，墙面上贴满了便签纸和笔记条，书桌底下也杂乱无章地塞满了复习资料。第二次考研，并未达到张若柯的预期目标，她虽有不甘，也不得不选择调剂到第二志愿。

那一年暑假，清苦惯了的张若柯也没闲着，她想着技多不压身，闲着不如多考几个证，她把目标瞄准了 CPA 和司法考试。

张若柯的本科专业是国际金融，她怎么会想到备考八竿子打不着的司法考试呢？问她，她不好意思地说："因为司法工作含金量高。"

也正是这个无心之举，完全改变了张若柯的职业规划。读研究生的那两年，她并没有松懈，第一次备考司法考试没有通过，她可以考第二次。

不管从别人口中听到司法考试有多难，即便从零基础开始学习，哪怕第一次考试败得一塌糊涂，对张若柯而言，她没有放弃——决定的事情，一路走下去总会有结果，而且结果总会越来越好。

用张若柯的话来说，好像突然有一天自己就被幸运照顾到了。研究生还没毕业，她就拿到了知名会计事务所和律师事务所的 Offer，而她选择备考当地司法局的公务员。

学习清苦，更需要静下心来。

张若柯不了解公考有多难，也全然不去在意，她坚信哪怕会失败，还是要努力拼尽全力。

做好了一次不过，就准备再考一年的张若柯，意外地，也十分幸运地在毕业后通过了入职考试。

顺利地做到了他人难以实现的事情，张若柯好像很幸运。但这不过是她一次一次地尝试，一次一次地失败，依旧没有放弃、坚持努力的结果。因为她前期的努力和坚持，幸运女神才会慢慢开始偏爱于她。

我们所羡慕的幸运之人，往往并不依赖于好运气。

居里夫人说："我从来不曾有过幸运，将来也永远不指望幸运，我的最高原则是：对任何困难都决不屈服！"

认定的事情，不屈服、不放弃，你自然会比那些心生畏惧、犹疑不决的人更容易看到机遇和希望。不是你比他们更幸运，只是幸运一直都在，你比别人先遇到了它而已。

那些过分依赖运气的人，往往并不会得到幸运女神的眷顾。希望考试变简单，希望生活压力变小，希望事业有成……并不是一味地期盼好运到来，不去努力、不去奋斗，守株待兔就可以。

足够努力，足够坚持，在困难面前不退缩。当你的努力足以毫不费力时，这大概就是幸运的样子。

"生活中就像没有无缘无故的爱一样，也没有无缘无故的幸运。"《美丽是心底的明媚》里的这句话看似冷情，却能警醒那些总是依赖幸运的人。

有些幸运一直都在，身边那个爱护你的人，健健康康的身体，生活里的鸟语花香，这些都是幸运。可若将过往的幸运都归结于你的理所应得，那你很可能会迎来不幸。

因为仗着他人的疼爱，而肆无忌惮地无理取闹；因为自己年轻力壮，而没有节制地熬夜挥霍；因为理所当然，而忽视大自然赋予你的一切美好……

那结果可想而知，当你的努力和付出配不上这份幸运时，幸运也将离你而去。

幸运向来不是无缘无故的。不要太过依赖他人，不要太过祈求好运，也不能挥霍浪费好运。最长久的幸运，是学会用自己的努力创造幸运。

马云曾说："永远不要跟别人比幸运，我从来没想过我比别人幸运。我也许比他们更有毅力，在困难的时候他们熬不住，我可以多熬一秒钟、两秒钟。"

幸运的人从来不跟他人比幸运，愿你越努力，越幸运；越幸运，越努力。

▶ 学会共情，做一个刚刚好的自己

当宁韦接下大哥留下的几百万元债务时，她知道这一摞单薄的纸张，犹如泰山般沉重。有时候，生活里的坦荡是承受那些生命之重，她可以选择不去这样做，但内心的不安会一直延续。

宁韦接到大哥车祸去世的消息没多久，大哥的债主们就陆续找到了她。

几年前，宁韦跟着大哥在杭州承包工程项目，这些债主也大多跟她共过事。本不该是宁韦偿还的债务，她却毫无怨言地接了下来，朋友邻里都说她"傻"。

这些年宁韦虽有些积蓄，但几百万元的欠款单躺在抽屉里，她心里没底，不敢想什么时候能还清。不忍大哥背负骂名，不愿欠人债务，宁韦说这个担子她得担起来。

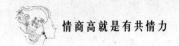

不管欠款金额有多大，宁韦将一笔笔还没结清的工程款和工人的工资一一记下来，她向债主们保证她会还钱，但是请他们给她时间。

欠款数额太大，工人们也都有自己的难处。宁韦深思熟虑之后，变卖了自己在杭州的房产，拿出现有的全部积蓄用来还债。欠款没办法一次性还清，她只能一点点地还。

早些年，宁韦在老家承包了100多亩地专门种植橙子，正好到了收获的年份，她决定将橙园的大部分股权也承包出去，用来还钱。她还管理着一家装修门店，平日里开的小轿车也被她变卖换成了送货的面包车。装修门店的收入，除了基本的开支，全部拿去还债。

为了节省开支，宁韦包揽了装修门店里大部分的活儿，接订单、量尺寸、设计，只要能做的她都会一力承担，店里只留了一个刚入门的小伙子帮她打下手。

特别辛苦的时候，宁韦连着几天回不了家，从这个需要装修的房子到那个需要装修的房子，吃饭和休息就在店里将就着打发。小伙子感叹，这哪里是当老板的样子，简直比工程队里的工人还要艰辛。

谁说不是呢？

宁韦每个月留下的钱只够维持店面运转和基本的生活开

支，几年里她舍不得买件像样的衣服；有时生意好了也能月入几万，她却将自己的生活越过越清苦……

但让宁韦感到无比欣慰的是，抽屉里的欠款单一点点减少，还过款的收条一点点垒高。那些当初心里没底、怕宁韦还不上钱的包工头和建材老板对她更是刮目相看，佩服不已。与宁韦接触多了，他们也会在装修和材料上帮衬着。

靠谱、勇于承担的人，总会得到上天的眷顾。承包橙园的老板也十分钦佩宁韦的为人，拿出橙园收入的百分之五十帮她还债。

当宁韦还清所有的欠款时，她松了一口气，笑得无比开心。

很多年以后，宁韦再想起那段经历时还是觉着十分自豪，她说："熬过了那段时间，我才能坦荡地面对未来。"

真正的痛苦不是物质的疲乏，而是内心的不安。过去记忆里最美的部分，大概是那段在拼命挣脱中寻求内心坦荡的时光。

最美的时光其实是痛苦的，比如，破茧成蝶之痛、浴火重生之痛、隐隐生长之痛！你可以做一个不去承担、逃避困

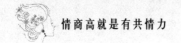

境的人，那你也就无法享受涅槃重生时的畅快和美好。

史铁生在《灵魂的事》里说："当生命以美的形式证明其价值的时候，幸福是享受，痛苦也是享受。"记得小时候，我读过很多史铁生的文章，可那时从不知道他文字里的厚重。

生命里有一些事、有一些责任、有一些担当，你一旦拿起，不管以后幸福或痛苦都会成为无比美好的回忆。小时候，经过反复煎熬始终没说出口的那句谎话；第一次喜欢一个人，暗恋了好几年，挣扎着最终决定表白的那个场景；交了很多学费才学会的那些道理……细细想来，一切美好里都藏着曾经的煎熬。

不在意，就不会痛苦；不承担，就不会长大；不与生命里的那些"坏东西"搏斗，也就无法体验"痛苦着"的美好时光。

不怕生活中的痛苦，挣扎也好，享受也罢，酸甜苦辣、快乐与悲伤，这才是有味道的人生。最怕生活成为一潭死水，无波无澜，没有期许。

周国平说："痛苦和欢乐是生命里的自我享受。最可悲的是生命力的乏弱，既无欢乐，也无痛苦。"

痛苦和欢乐一样，是生命力的一种表现，开心的时光会深深地留在我们的记忆里，痛苦的时光也一样。

痛苦并非坏事，当你感到痛苦的时候，正是你挣扎着向前的时刻。生活里有欢乐也有苦痛，有甜蜜也有悲伤，这所有的情绪都是相辅相成的。

痛苦过后的快乐，更让人畅快淋漓。

这就好像每次都跑不及格的 800 米，在毕业前的最后一次测评中，你成功地在规定时间里跑完了。哪怕在冲过终点线的那一刻，你全身疲软，口喘粗气，可这一刻的成就感好似可以弥补大学里所有的遗憾。

苦味，也是美好生活的一部分。

或许，我们偶尔会让自己沉溺在游戏里、电视剧里或者某件事情里，但是这种没有苦痛、麻痹的日子，在你的记忆里一定是暗淡无光的。

承担那些压力，面对那些困难，你会感到难、感到痛苦，但这本来就是生活的一部分，有可能还是生命中最多姿多彩的一部分。

你走过的每一步，都算数

罗尧是我见过最亲和的老师了，年龄比我们大不了多少，又向来喜欢跟学生交好，因此，私底下我们都亲切地叫她"尧姐"。

那年学校增设第二外语，刚从日本留学回来的尧姐成了学校里的第一位日语老师。

第一次上课，学生见尧姐长相清秀，一脸学生气，不拿她当一回事。尧姐不急也不生气，第二堂课把课本丢在一边，给大家播放了一集日本动漫。动漫是原声没有中文字幕，大家正看得莫名其妙，尧姐将声音调小，毫不费力地帮大家开始同声翻译。

那之后，同学们再上尧姐的课，都是一脸敬佩地从头听到尾，背地里奉她为大神。后来得知，尧姐当年放弃985大学的保研机会而选择留学日本，其间的艰辛和努力也是大家想象不到的。

在日本读书的那几年，尧姐一直是半工半读来赚取学费和生活费的。兼职忙，学业也忙，尧姐上厕所看到洗发水、沐浴露都不忘拿起来仔细阅读上面的文字，背记上面不认识的单词。

尧姐给大家推荐的日语词典，要么是电子词典，要么是好用的 APP 软件，而她常用的却是那本半指厚的纸质日语词典。那本词典里面密密麻麻地写满了笔记，贴满了小便签，那是她当年背词典时留下的痕迹。

尧姐决定回国时，有相熟的老教授愿意为她争取日语环境较好的学校，也有学长高薪聘她进公司。但是尧姐说，没有一步登天的人生，也没有轻而易举的成功，想要以后的路走得更顺，只能努力让自己变得更优秀。

刚进学校时，学生和老师对日语都很陌生，报名学习日语的同学寥寥无几。尧姐也不在意，她激励自己权当是在历练。除了忙着提升自己，她开始花费更多的精力在学生身上。

学生会组建日语社，尧姐为了支持她的学生，每周拿出两个小时免费为学生们开展日语文化讲座。但凡学生交上来的作业，她都会逐字逐句地认真批注。她还加入了学校组建的日语兴趣学习小组，有学生提问相关日语知识，她都会认真解答。

学生们报考 N2、N1 日语等级，尧姐特意为大家整理并录制了复习重点和大纲。后来，她整理的复习资料流传了出去，有培训机构花重金聘请她去做特邀讲师，她想都没想就拒绝了。

尧姐说，学生们能顺利地通过考试，那是大家平日里努力和认真换来的，并不是考前临时抱佛脚——听讲座、抓重点就能成功的。

尧姐在学校教书的第三年，她的第一批学生有出国到日本留学的，也有把日语作为职业发展方向的。

为了说服学校聘请日语外教，尧姐忙上忙下地在学院里申请资源，然后利用自己在日本多年的人脉，联系了优秀的外教老师来给学生们开讲座。

在大家还没毕业就开始急功近利地追求成功时，尧姐用自己的亲身经历告诉大家，优秀比成功更重要，而想要变得更优秀，就得走那条更艰难、更陡峭的路。

有太多的人在事业巅峰或是人生机遇期，放弃了那些对他人来说羡慕不已的成功，而选择静下心来继续沉淀和深造。

詹天佑因担负着一条铁路的设计，而毅然谢绝美国一所大学为他授予的博士学位；杨澜在获得"金话筒奖"后事业正盛时，选择了出国读书；哈珀·李拒绝知名主持人的访谈，始终保持低调，专注于他的著作《杀死一只知更鸟》。

优秀第一，成功第二。比机遇更重要的是能力，当你拥有了足够的实力，成功只是时间问题。

"我不去想是否能够成功，既然选择了远方，便只顾风雨兼程。"汪国真如此说道。

当我们淡化成功而专注于事情本身时，你会发现这个过程便是成长，而这种成长会让你变得更加优秀。

尼尔·唐纳德·沃尔什所著《与神对话》里有这样一句经典的话："别嫉妒成功，别怜悯失败，因为你不知道在灵魂的权衡中，什么算成功，什么算失败。"

成功与否，是别人眼中的评判；而优秀与否，更多的是自我内心的一种肯定。

在不同的年龄、不同的人生阶段，甚至不同的时代，成功的定义和标准多种多样。或许获得名誉，拿了奖叫成功；或许事业有成，收入丰厚叫成功；或许在某一个领域取得超出常人的成就，叫成功。

成功，或多或少是一种他人对我们的评判、社会对我们的认可，它总是需要一个结果。而优秀，更多的是从我们自身出发，更有自信，更热爱自己所从事的工作，认真做好每一件事的过程。

希望你比起获得功名利禄和他人的认可，更看重为实现成功而付出的努力；希望你哪怕失败了，也依旧能庆幸自己从这一路的艰辛中收获了成长。

怎样让自己变得更优秀？

正如亚里士多德所说："每天重复做的事情造就了我们，然后你会发现，优秀不是一种行为，而是一种习惯。"一个个的小习惯、一天天的坚持，会让你变得更好、更优秀。

而这个不断完善自我让自己变得更优秀的过程，往往是走向成功的必经之路。